安全生产知识百点通丛书

安全生产基础知识百点通

主　编　王益艳　李　晨
副主编　连芳菲　周晓凤

中国劳动社会保障出版社

图书在版编目(CIP)数据

安全生产基础知识百点通 / 王益艳，李晨主编 . -- 北京 : 中国劳动社会保障出版社，2024

(安全生产知识百点通丛书)

ISBN 978-7-5167-6267-7

Ⅰ. ①安… Ⅱ. ①王…②李… Ⅲ. ①安全生产 - 基本知识 Ⅳ. ①X93

中国国家版本馆 CIP 数据核字(2024)第 080222 号

中国劳动社会保障出版社出版发行

(北京市惠新东街 1 号 邮政编码：100029)

*

北京鑫海金澳胶印有限公司印刷装订 新华书店经销

880 毫米 ×1230 毫米 32 开本 5.375 印张 121 千字

2024 年 5 月第 1 版 2024 年 5 月第 1 次印刷

定价：18.00 元

营销中心电话：400-606-6496

出版社网址：http://www.class.com.cn

“安全生产知识百点通丛书”
编委会

内容简介

学习和应用安全生产基础知识具有重要意义，能够使人们增强安全生产意识，提高事故防范能力，进而预防和减少事故的发生。同时，了解安全生产的基本法律法规和管理要求，能够使从业人员掌握基本的安全权利和义务，保障他们的合法权利。另外，全面学习安全生产基础知识能为个人职业安全健康及集体管理秩序提供重要依据和保障。

本书是“安全生产知识百点通丛书”之一，以问答的形式较全面介绍了安全生产基础知识，主要内容包括安全生产概述、安全生产法律知识、生产经营单位安全生产管理知识、职业病防治知识、安全生产技术知识、事故应急救援知识等。

本书内容针对性强、通俗易懂、文字简洁，所配的原创漫画插图生动直观，适合各类生产经营单位的从业人员、安全管理人员和各级负责人等读者学习阅读。同时，也适用于各类普及安全生产基础知识的活动与培训。

目 录

第一部分　安全生产概述

一、安全生产基本概念 …… 1

1．什么是安全和本质安全？ …… 1

2．什么是安全生产和安全生产管理？ …… 2

3．什么是事故的分类与分级？ …… 3

4．什么是事故隐患？ …… 5

5．什么是危险和危险源？ …… 6

6．什么是重大危险源？ …… 7

7．什么是危险和有害因素？ …… 8

8．什么是安全标准？ …… 9

9．什么是安全生产责任体系？ …… 10

10．什么是安全生产教育培训？ …… 10

二、安全生产监督管理概述 …… 13

11．安全生产的重要意义是什么？ …… 13

12. 我国安全生产工作方针是什么? …………………… 14
13. 我国安全生产工作机制是什么? …………………… 15
14. 事故预防与控制的基本方法是什么? ……………… 17
15. 我国安全生产监督管理体制是什么? ……………… 18
16. 安全管理原理及其原则有哪些? …………………… 18
17. 安全技术措施的分类有哪些? ……………………… 19

第二部分　安全生产法律知识

一、安全生产法律责任 ………………………………………… 21

18. 为什么要增强安全生产法律意识? ………………… 21
19. 我国安全生产法律体系内容有哪些? ……………… 21
20.《安全生产法》的主要内容有哪些? ……………… 23
21.《安全生产法》对于责任追究有哪些规定? ……… 25
22.《安全生产法》对于生产经营活动中的安全设备有哪些要求? ………………………………………… 27
23. 如何理解安全生产的法律责任? …………………… 28

二、从业人员的基本权利 ……………………………………… 30

24. 签订劳动合同时应注意哪些事项? ………………… 30
25. 什么是安全生产的知情权与建议权，以及批评权、检举权、控告权? ………………………………… 32
26. 法律赋予从业人员享有拒绝违章指挥和强令冒险作业权的目的是什么? ………………………………… 33
27. 什么是紧急情况下的停止作业和紧急撤离权? …… 34

28．什么是工伤保险赔偿权？ …………………………… 36
29．女职工依法享有哪些特殊劳动保护权利？ ………… 37
30．未成年工依法享有哪些特殊劳动保护权利？ ……… 39

三、从业人员的基本义务 …………………………………… 40

31．从业人员有遵章守规、服从管理的义务吗？ ……… 40
32．从业人员为什么必须按规定佩戴和使用劳动防护用品？ ………………………………………………… 40
33．从业人员需要接受教育培训掌握安全生产技能吗？ ………………………………………………………… 42
34．从业人员发现事故隐患后应该怎么办？ …………… 43
35．被派遣劳动者的安全生产权利和义务有哪些？ …… 44

第三部分　生产经营单位安全生产管理知识

一、安全生产责任制 ……………………………………… 46

36．为什么要建立全员安全生产责任制？ ……………… 46
37．各级人员的安全生产责任有哪些？ ………………… 48

二、安全生产规章制度和安全操作规程 ………………… 51

38．建立安全生产规章制度的作用是什么？ …………… 51
39．安全生产规章制度的种类有哪些？ ………………… 52
40．什么是安全操作规程，其内容有哪些？ …………… 52

三、安全生产标准化 …………………………………………… 54

41．安全生产标准包括哪些种类？ ………………………… 54
42．为什么要加强安全生产标准化建设？ ………………… 56
43．企业安全生产标准化建设的主要内容有哪些？ …… 58
44．企业安全生产标准化建设的流程是什么？ ………… 59

四、安全生产教育培训 ……………………………………… 61

45．对从业人员的安全生产教育培训有什么要求？
…………………………………………………………………… 61
46．三级安全教育包括哪些内容？ ………………………… 63
47．岗位安全生产教育培训的内容有哪些？ …………… 65
48．特种作业人员为什么必须持证上岗？ ……………… 66

五、危险有害因素辨识与安全风险管控 ………………… 69

49．危险有害因素辨识的方法有哪些？ ………………… 69
50．危险有害因素辨识的内容包括哪些？ ……………… 69
51．安全风险如何进行分级？ ……………………………… 72
52．安全风险管控的要求有哪些？ ………………………… 72

六、安全生产检查与事故隐患排查治理 ………………… 75

53．安全生产检查有哪些类型及内容？ ………………… 75
54．安全生产检查的方法有哪些？ ………………………… 77
55．事故隐患排查治理的要求有哪些？ ………………… 78
56．事故隐患治理的程序是什么？ ………………………… 79

七、生产现场安全管理 …………………………………… 81

57. 生产现场常见不安全行为有哪些？ ………………… 81
58. 什么是“四不伤害”和“三违”行为？ …………… 83
59. 什么是安全色和安全标志？ ………………………… 85
60. 生产现场安全管理方法有哪些？ …………………… 86

八、劳动防护用品管理 …………………………………… 89

61. 劳动防护用品的种类及作用有哪些？ ……………… 89
62. 劳动防护用品的配备要求及注意事项有哪些？ …… 90
63. 如何正确佩戴安全帽及使用安全带？ ……………… 92
64. 劳动防护用品的存储和维护有哪些注意事项？ …… 94

九、工伤保险管理 ………………………………………… 95

65. 如何认定工伤？ ……………………………………… 95
66. 如何申请工伤认定？ ………………………………… 96
67. 工伤职工可以享受哪些工伤保险待遇？ …………… 97

第四部分　职业病防治知识

68. 生产中有哪些职业病危害因素？ …………………… 99
69. 职业病有哪些种类？ ………………………………… 100
70. 职业病的发生主要取决于哪些因素？ ……………… 101
71. 生产性粉尘的危害及其防治措施有哪些？ ………… 102
72. 生产性毒物的危害及其防治措施有哪些？ ………… 104
73. 常见职业中毒的典型症状是什么？ ………………… 106

74．生产性噪声的危害及其防治措施有哪些？ ………… 108
75．生产性振动的危害及其防治措施有哪些？ ………… 110
76．电磁辐射的危害及其防护措施有哪些？ …………… 112
77．高温作业的危害及其预防措施有哪些？ …………… 115

第五部分 安全生产技术知识

78．常见的机械伤害有哪些？ ……………………………… 117
79．常见的电气事故有哪几种？ …………………………… 117
80．静电的危害及其防治措施有哪些？ …………………… 119
81．作业场所用电的注意事项有哪些？ …………………… 120
82．引起火灾的因素和灭火的基本方法有哪些？ ……… 121
83．防火防爆应注意哪些事项？ …………………………… 123
84．动火作业有哪些安全要求？ …………………………… 124
85．如何对压力容器进行安全操作和维护保养？ ……… 125
86．设备内作业有哪些安全要求？ ………………………… 126
87．如何预防瓦斯和煤尘爆炸事故？ ……………………… 128
88．高处作业人员要注意哪些安全问题？ ……………… 129
89．如何预防物体打击事故？ ……………………………… 130
90．如何预防高处坠落事故的发生？ ……………………… 133
91．常见危险化学品有哪些类型？ ………………………… 135
92．危险化学品事故有哪些预防措施？ …………………… 136

第六部分　事故应急救援知识

93．什么是事故应急救援？ …………………………………… 139
94．事故应急预案的主要内容有哪些？ ……………………… 140
95．应急演练及其作用是什么？ ……………………………… 141
96．常见的事故应急设备和物资有哪些？ …………………… 143
97．扑救初起火灾的原则和方法是什么？ …………………… 144
98．发生火灾时如何逃生自救？ ……………………………… 145
99．矿井下发生事故时如何逃生和自救？ …………………… 147
100．危险化学品泄漏事故的应急处置措施有哪些？ …… 148
101．危险化学品火灾的应急处置措施有哪些？ ………… 150
102．事故现场应急救护的原则是什么？ ………………… 151
103．怎样正确进行人工呼吸？ …………………………… 152
104．胸外心脏按压的基本要领是什么？ ………………… 155
105．发生触电怎样急救？ ………………………………… 156
106．发生中毒、窒息事故如何救护？ …………………… 157

第一部分　安全生产概述

一、安全生产基本概念

1. 什么是安全和本质安全？

安全泛指没有危险、不出事故的状态。生产过程中的安全，即生产安全，是指在生产过程中不发生人身伤害、职业病以及设备或财产损失的事故。安全是相对的，任何事物都包含不安全因素，具有一定的危险性。

本质安全是指通过设计等手段，使生产设备设施和技术工艺本身具有安全性，即使在误操作或发生故障的情况下也不会造成事故。本质安全具体包括以下两方面安全功能。

（1）失误—安全功能

这方面安全功能是指操作者即使操作失误，也不会导致事故或伤害发生，或者设备设施和技术工艺本身具有自动防止人的不安全行为的功能。

（2）故障—安全功能

这方面安全功能是指设备设施和技术工艺在发生故障或损坏时，能暂时维持正常工作或自动转变为安全状态。

上述这两方面安全功能应是设备设施和技术工艺本身固有的，即在设备设施和技术工艺的规划、设计阶段就将这两方面安全功能纳入其中，而不是事后补偿的。

本质安全是安全生产中“预防为主”理念的根本体现，也是安全生产的最高境界。

2. 什么是安全生产和安全生产管理？

安全生产是指在社会生产活动中，通过人、机器设备、物料物品、环境（即人、机、物、环）的和谐运作，使生产过程中潜在的各种事故风险和伤害因素始终处于有效控制状态，切实保护从业人员的生命安全和身体健康。

安全生产管理是指针对生产过程中的安全问题，运用现有的资源，发挥人们的智慧，通过人们的努力，进行有关计划、组织、指挥、协调和控制的一系列活动，实现生产过程中人、机、物、环的和谐，实现安全生产的目标。

安全生产管理的目标是减少、控制危害和事故，尽量避免生产过程中由于事故所造成的人身伤害、财产损失、环境污染以及其他损失。

安全生产管理的基本对象是生产经营单位的从业人员、设备设施、物料物品和作业环境，其内容包括安全生产法治管理、行政管理、监督检查、规章制度、设备设施和作业环境管理、安全生产教育培训等方面。

3. 什么是事故的分类与分级?

生产安全事故（一般简称事故）是指在生产经营活动中发生的造成人身伤亡或者直接经济损失的事件。事故是意外事件，是人们不希望其发生的，同时该事件产生了违背人们意愿的后果。

（1）事故的分类

依据《企业职工伤亡事故分类》（GB 6441—1986），综合考虑起因物、诱导性原因、致害物、伤害方式等，企业职工伤亡事故共分为 20 类，即物体打击、车辆伤害、机械伤害、起重伤害、触电、淹溺、灼烫、火灾、高处坠落、坍塌、冒顶片帮、透水、放炮、火药爆炸、瓦斯爆炸、锅炉爆炸、容器爆炸、其他爆炸、中毒和窒息、其他伤害。

根据《生产安全事故统计报表制度》，按照事故发生的行业，可将生产安全事故分为工矿商贸、煤矿、金属非金属矿山、建筑施工、化工、烟花爆竹、道路交通、水上交通、民航飞行、铁路交通、农业机械、渔业船舶等类型。

（2）事故的分级

依据《生产安全事故报告和调查处理条例》，根据事故造成的人员伤亡或者直接经济损失，一般可将其分为以下等级：

1）特别重大事故，是指造成 30 人以上死亡，或者 100 人以上重伤（包括急性工业中毒，下同），或者 1 亿元以上直接经济损失的事故。

2）重大事故，是指造成 10 人以上 30 人以下死亡，或者 50 人以上 100 人以下重伤，或者 5 000 万元以上 1 亿元以下直接经济损失的事故。

3）较大事故，是指造成 3 人以上 10 人以下死亡，或者 10 人以上 50 人以下重伤，或者 1 000 万元以上 5 000 万元以下直接经济损失的事故。

4）一般事故，是指造成 3 人以下死亡，或者 10 人以下重伤，或者 1 000 万元以下直接经济损失的事故。

国务院应急管理部门可以会同国务院有关部门，制定事故等级划分的补充性规定。上述所称的“以上”包括本数，所称的“以下”不包括本数。

根据《特种设备安全监察条例》，对特种设备相关的事故进行分级，有下列情形之一的，为特别重大事故：

1）特种设备事故造成 30 人以上死亡，或者 100 人以上重伤（包括急性工业中毒，下同），或者 1 亿元以上直接经济损失的。

2）600 兆瓦以上锅炉爆炸的。

3）压力容器、压力管道有毒介质泄漏，造成 15 万人以上转移的。

4）客运索道、大型游乐设施高空滞留 100 人以上并且时间在 48 小时以上的。

有下列情形之一的，为重大事故：

1）特种设备事故造成 10 人以上 30 人以下死亡，或者 50 人以上 100 人以下重伤，或者 5 000 万元以上 1 亿元以下直接经济损失的。

2）600 兆瓦以上锅炉因安全故障中断运行 240 小时以上的。

3）压力容器、压力管道有毒介质泄漏，造成 5 万人以上 15 万人以下转移的。

4）客运索道、大型游乐设施高空滞留 100 人以上并且时间在 24 小时以上 48 小时以下的。

有下列情形之一的，为较大事故：

1）特种设备事故造成 3 人以上 10 人以下死亡，或者 10 人以上 50 人以下重伤，或者 1 000 万元以上 5 000 万元以下直接经济损失的。

2）锅炉、压力容器、压力管道爆炸的。

3）压力容器、压力管道有毒介质泄漏，造成 1 万人以上 5 万人以下转移的。

4）起重机械整体倾覆的。

5）客运索道、大型游乐设施高空滞留人员 12 小时以上的。

有下列情形之一的，为一般事故：

1）特种设备事故造成 3 人以下死亡，或者 10 人以下重伤，或者 1 万元以上 1 000 万元以下直接经济损失的。

2）压力容器、压力管道有毒介质泄漏，造成 500 人以上 1 万人以下转移的。

3）电梯轿厢滞留人员 2 小时以上的。

4）起重机械主要受力结构件折断或者起升机构坠落的。

5）客运索道高空滞留人员 3.5 小时以上 12 小时以下的。

6）大型游乐设施高空滞留人员 1 小时以上 12 小时以下的。

4. 什么是事故隐患?

事故隐患是指企业违反安全生产法律、法规、规章、标准、规程和安全生产管理制度的规定，或者因其他因素在生产经营活动中存在可能导致事故发生的物的危险状态、人的不安全行为和管理上的缺陷。

事故隐患分为一般事故隐患和重大事故隐患。一般事故隐患是指危害和整改难度较小，发现后能够立即整改排除的隐患。

重大事故隐患是指危害和整改难度较大，应当全部或者局部停产停业，并经过一定时间整改治理方能排除的隐患，或者因外部因素影响致生产经营单位自身难以排除的隐患。

法律提示

《中华人民共和国安全生产法》(以下简称《安全生产法》) 第五十九条规定，从业人员发现事故隐患或者其他不安全因素，应当立即向现场安全生产管理人员或者本单位负责人报告；接到报告的人员应当及时予以处理。

5. 什么是危险和危险源？

危险是指系统中存在导致发生不期望后果的可能性超过了人们的承受程度。危险是人们对事物的具体认知，如危险环境、危险条件、危险状态、危险物质、危险场所、危险人员、危险因素等。一般用风险度表示危险的程度。在安全生产管理中，风险度用生产系统中事故发生的可能性与严重性来表示。

危险源是指可能造成人员伤害、疾病、财产损失、作业环境破坏或其他损失的根源或状态。危险源可以是一次事故、一种环境、一种状态的载体，也可以是可能产生不期望后果的人或物。例如，液化石油气在生产、储存、运输和使用过程中，可能发生泄漏，引起中毒、火灾或爆炸事故，因此，充装了液化石油气的储罐是危险源；原油储罐的呼吸阀已经损坏，当储罐储存了原油后，有可能因呼吸阀损坏而发生事故，因此，损坏的原油储罐呼吸阀是危险源。

6. 什么是重大危险源？

广义上说，重大危险源是指可能导致重大事故发生的危险源。根据《安全生产法》的规定，重大危险源是指长期地或者临时地生产、搬运、使用或者储存危险物品，且危险物品的数量等于或者超过临界量的单元（包括场所和设施）。

在日常工作中，时常会遇到的一些重大危险源，例如：在化学品的储存与使用过程中，化学品仓库、实验室等储存和使用的化学品可能具有剧毒、易燃、腐蚀等特性，一旦泄漏或处理不当可能引发严重事故；电力设备和线路中存在电击、火灾等危险，不正确的操作、维护或老化可能导致电气事故；在建筑施工工地、高架设备等环境中作业，存在高处坠落、物体打击等伤害事故；大型机械设备、工业生产线等的不正确操作、维护或设备故障可能导致伤害事故；在高温与高压作业时，如操作高温熔炉、高压容器等，要求特殊的操作方法和防护措施，否则可能引发火灾、爆炸等事故；在物流、仓储作业现场，存在物料掉落、堆垛失稳等风险，可能导致人员伤害和物品损坏事故；在液化石油气、工业废气等的处理和储存时，不当操作或泄漏可能导致中毒、爆炸等事故。

通过有效的方法辨识出重大危险源并加以管理，可以极大限度地减少事故的发生，保护从业人员和生产经营单位的利益。

法律提示

《安全生产法》第四十条规定：生产经营单位对重大危险源应当登记建档，进行定期检测、评估、监控，并制定应急预案，告知从业人员和相关人员在紧急情况下应当采取的应急措施。

生产经营单位应当按照国家有关规定将本单位重大危险源及有关安全措施、应急措施报有关地方人民政府应急管理部门和有关部门备案。有关地方人民政府应急管理部门和有关部门应当通过相关信息系统实现信息共享。

7. 什么是危险和有害因素?

危险因素是指能造成人员伤亡或造成设备设施等财产突发性损失的因素，有害因素是指能够影响人的身体健康、导致疾病或对物造成慢性损失的因素。通常情况下，二者并不加以区分而统称为危险和有害因素。

知识学习

危险和有害因素的分类主要有以下3种：

（1）按导致事故的直接原因进行分类

根据《生产过程危险和有害因素分类与代码》（GB/T 13861—2022），生产过程中的危险和有害因素分为4大类，即人的因素、物的因素、环境因素、管理因素，每一大类又分为若干小类。

（2）按事故类别进行分类

参照《企业职工伤亡事故分类》（GB 6441—1986），综合考虑起因物、引起事故的诱导性原因、致害物、伤害方式等，将危险和有害因素分为20类。

（3）按职业病危害因素分类

参照2015年国家卫生和计划生育委员会等部门联合发布的《职业病危害因素分类目录》，将危害因素分为6类，即粉尘、化学因素、物理因素、放射性因素、生物因素、其他因素。

8. 什么是安全标准？

安全标准是指在生产作业场所或者专业领域，为改善劳动条件和设施，规范生产作业行为，保护劳动者免受各种伤害，保障劳动者人身安全健康权利，实现安全生产的准则和依据。

法定的安全标准是国家安全生产法律体系的重要组成部分。根据《中华人民共和国标准化法》的规定，标准包括国家标准、行业标准、地方标准、团体标准、企业标准。其中的国家标准、行业标准又分为强制性标准和推荐性标准。安全标准主要是指国家标准和行业标准，大部分是强制性标准。

我国的安全标准涉及面广，从大的方面看，包括矿山（含煤矿和非煤矿山）、粉尘防爆、电气及防爆、带电作业、危险化学品、民用爆破物品、烟花爆竹、涂装作业、交通运输、机械制造、消防救援、建筑施工、职业健康、特种设备等各个专业领域。多年来，在国务院各有关部门以及各标准化技术委员会的共同努力下，制定了一大批涉及安全生产方面的国家标准和行业标准。

9. 什么是安全生产责任体系？

安全生产责任体系是一个组织架构，用于明确和规范安全生产的责任和职责分工。它建立了一个清晰的组织架构，确保各级管理人员和从业人员都能够承担起自己的安全生产责任。

目前，我国已经形成并逐步完善了“政府统一领导、部门依法监督、企业全面负责、群众积极参与、社会广泛支持”的安全生产管理工作格局，以及“国家监察、地方监管、企业负责”的煤矿、特种设备安全监察工作责任体系。

法律提示

《安全生产法》第二十二条规定，生产经营单位的全员安全生产责任制应当明确各岗位的责任人员、责任范围和考核标准等内容。生产经营单位应当建立相应的机制，加强对全员安全生产责任制落实情况的监督考核，保证全员安全生产责任制的落实。

10. 什么是安全生产教育培训？

安全生产教育培训就是以提高从业人员安全素质，保护人的身心安全健康为目的，有计划、有组织地对生产经营单位的从业人员和进入生产现场的外来人员施加影响，传授知识、技能，从而使其形成安全意识，使安全生产常态化落实的系列活动。

安全生产教育培训包括两个方面，即教育和培训，两者的总体目标都是提高从业人员对影响安全和健康的危害的认识，加强从业人员对职业病和职业伤害形成原因的了解，树立正确的安全生产价值观，从而保护人的身心安全健康，并促进有效预防措施的实施。

安全生产教育培训具有以下功能：

（1）提高个人保护能力

通过安全生产教育培训，个人可以学习到应对各种紧急情况和危险环境的技能和知识，提高自我保护和自救的能力，确保个人安全。

（2）促进个人职业发展

一些职业对安全要求较高，通过参加安全生产教育培训，个人可以获得相关的资格和认证，提升自身竞争力，拓展职业发展的机会。

（3）培养安全意识和责任感

安全生产教育培训有助于培养个人对安全的意识和责任感，使个人在生活和工作中更加注重安全，遵守安全规定，避免各类事故风险和危险。

二、安全生产监督管理概述

11. 安全生产的重要意义是什么?

安全生产是党和国家在经济建设中一贯的指导思想和重要方针，是统筹发展和安全，坚持人民至上、生命至上，树牢安全发展理念与构建社会主义和谐社会的必然要求。

安全生产的根本目的是保障从业人员在生产过程中的安全和健康权利。安全生产是安全与生产的统一，安全促进生产，生产必须安全，没有安全就无法正常进行生产。搞好安全生产工作，改善劳动条件，减少人员伤亡与财产损失，不仅可以增加生产经营单位的效益，促进生产经营单位健康发展，而且还可以促进社会和谐，保障经济建设安全运行。

相关链接

安全生产工作要坚持中国共产党的领导，各级党委和政府要牢固树立发展决不能以牺牲安全为代价的红线意识，以防范和遏制重特大事故为重点，坚持标本兼治、综合治理、系统建设，统筹推进安全生产领域改革发展。

安全生产工作要坚持人民至上、生命至上，把保护人民生命安全摆在首位，树牢安全发展理念，坚持安全第一、预防为主、综合治理的方针，从源头上防范化解重大安全风险。

要坚决落实安全生产责任制，切实做到党政同责、一岗双责、失职追责。要健全预警应急机制，加大安全监管执法力度，深入排查和有效化解各类安全生产风险，提高安全生产保障水平，努力推动安全生产形势实现根本好转。各生产经营单位要强化安全生产第一意识，落实安全生产主体责任，加强安全生产基础能力建设，坚决遏制重特大安全生产事故发生。

12. 我国安全生产工作方针是什么？

《安全生产法》明确规定，安全生产工作应当以人为本，坚持人民至上、生命至上，把保护人民生命安全摆在首位，树牢安全发展理念，坚持安全第一、预防为主、综合治理的方针，从源头上防范化解重大安全风险。

（1）安全第一

在生产经营活动中，在处理保证安全与实现生产经营活动的其他各项目标的关系上，要始终把安全特别是从业人员、其他人员的人身安全放在首要位置，实行“安全优先”的原则，在确保安全的前提下，努力实现生产经营的其他目标。当安全工作与其他生产经营活动发生冲突和矛盾时，其他生产经营活动要服从安全，绝不能以牺牲人的生命、健康为代价换取发展和效益。安全第一，体现了以人为本的发展思想，是预防为主、综合治理的统帅，没有安全第一的思想，预防为主就失去了思想支撑，综合治理就失去了整治依据。

（2）预防为主

预防为主是安全生产工作的重要任务和价值所在，是实现安全生产的根本途径。所谓预防为主，就是要把预防生产安全事故的发生放在安全生产工作的首位。对安全生产的管理，主要不是在发生事故后去组织抢救，进行事故调查，找原因、追责任、堵漏洞，而是要谋事在先、尊重科学、探索规律，采取有效的事前控制措施，千方百计预防事故的发生，做到防患于未然，将事故消灭在萌芽状态。只要思想重视，预防措施得当，绝大部分事故特别是重大事故是可以避免的。坚持预防为主，就要坚持培训教育为主，在提高生产经营单位主要负责人、安全管理人员和从业人员的安全素质上下功夫，最大限度地减少违章指挥、违规作业、违反劳动纪律（“三违”）的现象，努力做到“不伤害自己，不伤害他人，不被他人伤害，保护他人不被伤害”（“四不伤害”）。只有把安全生产的重点放在建立事故隐患预防体系上，超前防范，才能有效避免和减少事故，实现安全第一。

（3）综合治理

将综合治理纳入安全生产方针，标志着对安全生产的认识上升到一个新的高度，是贯彻落实新发展理念的具体体现。所谓综合治理，就是要综合运用法律、经济、行政等手段，从发展规划、行业管理、安全投入、科技进步、经济政策、教育培训、安全文化以及责任追究等方面着手，建立安全生产长效机制。综合治理秉承安全发展的理念，从遵循和适应安全生产的规律出发，运用法律、经济、行政等手段，多管齐下，并充分发挥社会、职工、舆论的监督作用，形成标本兼治、齐抓共管的格局。综合治理，是一种新的安全管理模式，它是保证安全管理目标实现的重要手段和方法。只有不断健全和完善综合治理工作机制，才能有效贯彻安全第一、预防为主。

13. 我国安全生产工作机制是什么？

《安全生产法》规定，安全生产工作实行管行业必须管安全、管业务必须管安全、管生产经营必须管安全，强化和落实生产经营单位主体责任与政府监管责任，建立生产经营单位负责、职工参与、政府监管、行业自律和社会监督的机制。

（1）生产经营单位负责

落实生产经营单位的安全生产主体责任。生产经营单位必须严格遵守和执行安全生产法律法规、规章制度与技术标准，依法依规加大安全投入，建立健全安全管理机构，加强对从业人员的教育培训，保持安全设备设施的完好有效。

（2）职工参与

用人单位应通过安全教育培训，增强广大职工的自我保护意识和安全生产意识。职工有权对本单位的安全生产工作提出建议，对本单位安全生产工作中存在的问题，有权提出批评、检举和控告，有权拒绝违章指挥和强令冒险作业。要充分发挥工会、共青团、妇联组织的作用，依法维护和落实生产经营单位职工对安全生产的参与权与监督权，鼓励职工监督举报各类安全事故隐患。

（3）政府监管

切实履行政府监管部门安全生产监督和管理职责。健全完善安全生产综合监管与行业监管相结合的工作机制，强化应急管理部门对安全生产的综合监管，全面落实行业主管部门的专业监管、行业管理和指导职责。各部门要加强协作，形成监管合力，在各级政府统一领导下，严厉打击违法生产经营等影响安全生产的行为，对拒不执行监管、监察指令的生产经营单位，要依法依规从重处罚。

（4）行业自律

行业协会等行业组织要自我约束。一方面各个行业要遵守国家法律法规和政策，另一方面行业组织要通过行规行约制约本行业生产经营单位的行为。通过行业自律，促使生产经营单位能从自身安全生产的需要和保护从业人员生命健康的角度出发，自觉开展安全生产工作，切实履行生产经营单位的法定职责和社会责任。

（5）社会监督

充分发挥社会监督的作用，任何单位和个人有权对违反安全生产的行为进行检举和控告。发挥新闻媒体的舆论监督作用。有关部门和地方要进一步畅通安全生产的社会监督渠道，通过设立举报电话，接受人民群众的公开监督。

14. 事故预防与控制的基本方法是什么？

事故预防主要是指通过采取对策措施使事故不发生，事故控制主要是指通过采取对策措施使事故发生后不造成严重后果或尽可能减轻事故后果。

对于事故的预防与控制，应从安全技术、安全教育、安全管理三方面入手，采取相应对策措施。安全技术对策措施着重解决物的不安全状态问题。安全教育和安全管理对策措施则主要着眼于人的不安全行为问题，其中的安全教育对策措施主要使人知道哪里存在危险源，危险源如何导致事故发生，事故发生的可能性和严重程度，对于可能发生的危险应该怎样处理等；安全管理对策措施则是要求必须怎样做。

15. 我国安全生产监督管理体制是什么？

目前，我国安全生产监督管理体制是综合监管与行业监管相结合，国家监察与地方监管相结合，政府监督与其他监督相结合。

（1）综合监管与行业监管

应急管理部是国务院主管安全生产综合监督管理的主体行政部门，依法对全国安全生产实施综合监督管理。各行业和领域主管部门对安全生产工作负有监督管理职责，即行业监管或专业管理。

（2）国家监察与地方监管

针对某些危险性较高的特殊领域，国家为了加强安全生产监督管理工作，专门建立了国家监察机制，如矿山、水上交通、特种设备等领域。

（3）政府监督与其他监督

政府监督主要有应急管理部门和其他负有安全生产监督管理职责的部门的监督、监察部门的监督。其他监督主要有安全技术、管理服务机构的监督，社会公众的监督，工会的监督，新闻媒体的监督，居民委员会、村民委员会等组织的监督。

16. 安全管理原理及其原则有哪些？

安全管理原理是指从生产管理的共性出发，对生产管理中安全工作的实质内容进行科学的分析、综合、抽象与概括所得出的安全管理规律，其中的原则是指在安全生产管理原理的基础上，指导安全生产活动的通用规则。

安全生产管理原理包括系统原理、人本原理、预防原理、强制原理，运用系统原理的原则有动态相关性原则、整分合原则、反馈原则、封闭原则，运用人本原理的原则有动力原则、能级原则、激励原则、行为原则，运用预防原理的原则有偶然损失原则、因果关系原则、3 E（工程技术、教育培训、强制管理）原则、本质安全化原则，运用强制原理的原则有安全第一原则、监督原则。

17. 安全技术措施的分类有哪些?

安全技术措施是指运用工程技术手段消除物的不安全状态，实现生产工艺和机械设备等生产条件本质安全的措施。

（1）防止事故发生的安全技术措施

1）消除危险源。选择无害、无毒或不能致人受到伤害的物料来彻底消除某种危险源（无毒代替有毒）。

2）限制能量或危险物质。如减少能量或危险物质的量（如采用安全电压），防止能量蓄积（如采用排风措施），安全地释放能量（如采用静电释放）等。

3）隔离。隔离既可以防止事故的发生，也可以减少事故的损失。其中防止事故发生的隔离措施有防护罩、电线绝缘等。

4）故障—安全设计。使系统、设备设施发生故障或事故时处于低能状态，防止过多能量的意外释放。

5）减少故障和失误。通过增加安全系数、增加可靠性或设置安全监控系统等，减轻物的不安全状态，减少物的故障或事故的发生。

（2）减少事故损失的安全技术措施

1）隔离。把被保护对象与意外释放的能量或危险物质等隔开，可分为隔开、封闭和缓冲等，如防火墙、泄漏物收集池、防火封堵、安全气囊等。

2）设置薄弱环节。如锅炉上的易熔塞、电路中的熔断器等。

3）个体防护。这是一种不得已的隔离措施，却是保护人身安全的最后一道防线，如佩戴安全帽、防尘口罩等。

4）避难与救援。设置避难场所，当事故发生时，供人员暂时躲避，以达到免遭伤害或赢得救援时间的目的。

第二部分　安全生产法律知识

一、安全生产法律责任

18. 为什么要增强安全生产法律意识?

依法治国是中国共产党领导人民治理国家的基本方略，是发展社会主义市场经济的客观需要，也是国家长治久安的必要保障。增强安全生产法律意识是运用法律手段保障安全生产的前提，这既是由安全生产的特点所决定的，又是由法律的特点所决定的。

（1）安全生产是一个普遍的要求，即事事、处处、人人都必须重视并达到安全生产的要求，而法律的普遍性和强大的约束力可以为实现安全生产提供有力的保障。

（2）安全生产的要求必须自觉遵守、认真执行，因此需要通过立法的形式来实现，使违反者受到法律的制裁，承担法律责任。

（3）安全生产事关重大，需要权威的力量来支持与保障，而法律的一个特有优势就是具有权威性，可以用国家的力量来强制执行，以达到增强安全生产法律意识的目的。

19. 我国安全生产法律体系内容有哪些?

我国全部现行的安全生产法律规范形成的有机联系的统一的整体称为安全生产法律体系，内容包括法律、法规、部门规章和法定安全生产标准等。

我国安全生产专门法律有《中华人民共和国安全生产法》《中华人民共和国消防法》《中华人民共和国道路交通安全法》《中华人民共和国海上交通安全法》《中华人民共和国矿山安全法》《中华人民共和国特种设备安全法》等。

安全生产相关法律主要有《中华人民共和国突发事件应对法》《中华人民共和国劳动法》《中华人民共和国职业病防治法》《中华人民共和国矿产资源法》《中华人民共和国煤炭法》《中华人民共和国建筑法》《中华人民共和国铁路法》《中华人民共和国公路法》《中华人民共和国民用航空法》《中华人民共和国港口法》《中华人民共和国电力法》《中华人民共和国刑法》《中华人民共和国行政处罚法》等。

安全生产相关法规主要有《生产安全事故报告和调查处理条例》《生产安全事故应急条例》《煤矿安全生产条例》《建设工程安全生产管理条例》《危险化学品安全管理条例》《烟花爆竹安全管理条例》《民用爆炸物品安全管理条例》《安全生产许可证条例》《特种设备安全监察条例》《工伤保险条例》《大型群众性活动安全管理条例》等。

安全生产相关部门规章主要有《生产经营单位安全培训规定》《安全生产事故隐患排查治理暂行规定》《生产安全事故应急预案管理办法》《注册安全工程师管理规定》《建设项目安全设施“三同时”监督管理办法》《高层民用建筑消防安全管理规定》《工贸企业粉尘防爆安全规定》等。

法律提示

《中华人民共和国刑法》第一百三十四条规定，在生产、作业中违反有关安全管理的规定，因而发生重大伤亡事故或者造成其他严重后果的，处3年以下有期徒刑或者拘役；情节特别恶劣的，处3年以上7年以下有期徒刑。

强令他人违章冒险作业，或者明知存在重大事故隐患而不排除，仍冒险组织作业，因而发生重大伤亡事故或者造成其他严重后果的，处5年以下有期徒刑或者拘役；情节特别恶劣的，处5年以上有期徒刑。

在生产、作业中违反有关安全管理的规定，有下列情形之一，具有发生重大伤亡事故或者其他严重后果的现实危险的，处1年以下有期徒刑、拘役或者管制：

（1）关闭、破坏直接关系生产安全的监控、报警、防护、救生设备、设施，或者篡改、隐瞒、销毁其相关数据、信息的；

（2）因存在重大事故隐患被依法责令停产停业，停止施工，停止使用有关设备、设施、场所或者立即采取排除危险的整改措施，而拒不执行的；

（3）涉及安全生产的事项未经依法批准或者许可，擅自从事矿山开采、金属冶炼、建筑施工，以及危险物品生产、经营、储存等高度危险的生产作业活动的。

20.《安全生产法》的主要内容有哪些？

《安全生产法》是我国安全生产领域的重要专门法律，也是安全生产领域的综合性法律。《安全生产法》是各类生产经营单位及其从业人员实现安全生产所必须遵循的行为准则，是各级人民政府和各有关部门进行监督管理和行政执法的法律依据，是制裁各种安全生产违法犯罪行为或维护个人与集体安全生产权利的法律武器。

《安全生产法》的立法目的是加强安全生产工作，防止和减少生产安全事故，保障人民群众生命和财产安全，促进经济社会持续健康发展。《安全生产法》包括7章，分别为总则、生产经营单位的安全生产保障、从业人员的安全生产权利义务、安全生产的监督管理、生产安全事故的应急救援与调查处理、法律责任、附则，共119条。其核心内容可简略归纳为如下5个方面。

（1）目标

《安全生产法》的第一条，开宗明义地确立了通过加强安全生产监督管理措施，防止和减少生产安全事故，需要实现的目标：一是保障人民生命安全；二是保护国家财产安全；三是促进经济社会持续健康发展。由此确立了安全生产所具有的保护生命安全的意义、保障财产安全的价值和促进经济发展的功能。

（2）运行机制

在《安全生产法》的总则中，规定了保障安全生产的国家总体运行机制，具体包括：政府监督管理与指导（通过立法、执法、监督管理等手段）；生产经营单位实施与保障（落实预防、应急救援和事后处理等措施）；从业人员权利与义务；社会监督与参与（公民、工会、舆论和社区监督）；中介支持与服务（通过技术支持和咨询服务等方式）。

（3）相互结合的监督管理体制

《安全生产法》明确了我国现阶段实行的安全生产监督管理体制。这种体制是国务院及县级以上各级人民政府应急管理部门依法对全国安全生产实施综合监督管理与国务院及县级以上地方人民政府的有关部门（如交通运输、住房和城乡建设、水利、民航等有关部门）对有关行业、领域的安全生产工作实施监督管理相结合的体制。有关部门合理分工、相互协调，表明了《安全生产法》的执法主体是应急管理部门和相应的行业主管部门。

（4）基本法律制度

《安全生产法》明确了我国安全生产的各种基本法律制度，分别为安全生产监督管理制度、生产经营单位安全保障制度、从业人员安全生产权利和义务制度、生产经营单位负责人安全责任制度、安全中介服务制度、安全生产责任追究制度、事故应急救援和处理制度。

（5）责任对象

《安全生产法》明确了对我国安全生产负有责任的各方，包括的对象有：政府责任方，即各级政府和对安全生产负有监督管理职责的有关部门；生产经营单位责任方；从业人员责任方；中介机构责任方。

21.《安全生产法》对于责任追究有哪些规定？

在《安全生产法》中，对于生产经营单位主要负责人的责任、从业人员的义务、违法行为及相应的处罚方式都有着详细的规定。

（1）生产经营单位主要负责人的责任

《安全生产法》特别对生产经营单位主要负责人的安全生产责任做出了专门的规定，具体包括：建立健全并落实本单位全员安全生产责任制，加强安全生产标准化建设；组织制定并实施本单位安全生产规章制度和操作规程；组织制订并实施本单位安全生产教育和培训计划；保证本单位安全生产投入的有效实施；组织建立并落实安全风险分级管控和隐患排查治理双重预防工作机制，督促、检查本单位的安全生产工作，及时消除生产安全事故隐患；组织制定并实施本单位的生产安全事故应急救援预案；及时、如实报告生产安全事故。

（2）从业人员的义务

《安全生产法》明确了从业人员的义务，具体包括：在作业过程中，应当严格落实岗位安全责任，遵守本单位的安全生产规章制度和操作规程，服从管理，正确佩戴和使用劳动防护用品；应当接受安全生产教育和培训，掌握本职工作所需的安全生产知识，提高安全生产技能，增强事故预防和应急处理能力；发现事故隐患或者其他不安全因素，应当立即向现场安全生产管理人员或者本单位负责人报告。

（3）违法行为

《安全生产法》明确了政府、生产经营单位、从业人员和中介机构可能产生的各种安全生产违法行为，包括生产经营单位及主要负责人的安全生产违法行为、政府监督部门及人员的安全生产违法行为、中介机构的安全生产违法行为、从业人员的安全生产违法行为。

（4）处罚方式

《安全生产法》明确了相应违法行为的处罚方式：对政府监督管理人员有降级、撤职的行政处罚；对政府监督管理部门有责令改正、责令退还违法收取的费用的处罚；对中介机构有罚款、第三方损失连带赔偿、撤销机构资格的处罚；对生产经营单位有责令限期改正、停产停业整顿、经济罚款、责令停止建设、关闭、吊销有关证照、连带赔偿等处罚；对生产经营单位主要负责人有行政处分、个人经济罚款、限期不得担任生产经营单位的主要负责人、降职、撤职、处15日以下拘留等处罚；对从业人员有批评教育、依照有关规章制度给予处分等处罚。无论任何人，造成严重后果，构成犯罪的，依照刑法有关规定追究刑事责任。

22.《安全生产法》对于生产经营活动中的安全设备有哪些要求？

安全设备是指生产经营单位在生产经营活动中，将危险、有害因素控制在安全范围内，以及减少、预防和消除其危害所配备的装置和采用的设备。在人类高度城市化的现代，安全设备对于保护人类活动的安全尤为重要，其一个微小瑕疵就可能引发一场巨大的灾难。

《安全生产法》第三十六条规定，安全设备的设计、制造、安装、使用、检测、维修、改造和报废，应当符合国家标准或者行业标准。生产经营单位必须对安全设备进行经常性维护、保养，并定期检测，保证正常运转。维护、保养、检测应当做好记录，并由有关人员签字。生产经营单位不得关闭、破坏直接关系生产安全的监控、报警、防护、救生设备、设施，或篡改、隐瞒、销毁其相关数据、信息。餐饮等行业的生产经营单位使用燃气的，应当安装可燃气体报警装置，并保障其正常使用。

生产经营单位应当在有较大危险因素的生产经营场所和有关设备上设置明显的安全警示标志。生产经营单位使用的危险物品的容器、运输工具，以及涉及人身安全、危险性较大的海洋石油开采特种设备和矿山井下特种设备，必须按照国家有关规定，由专业生产单位生产，并经具有专业资质的检测、检验机构检测、检验合格，取得安全使用证或者安全标志，方可投入使用。

国家对严重危及生产安全的工艺、设备实行淘汰制度，生产经营单位不得使用应当淘汰的危及生产安全的工艺、设备。

23. 如何理解安全生产的法律责任?

在安全生产管理工作中，法律对于责任的约束十分重要，旨在保障从业人员的权利，维护社会稳定。

第一，生产经营单位主要负责人的法律责任。对于未能履行安全生产责任的生产经营单位主要负责人将依法做出相应惩处。《安全生产法》第九十四条规定，生产经营单位的主要负责人未履行本法规定的安全生产管理职责的，责令限期改正，处2万元以上5万元以下的罚款；逾期未改正的，处5万元以上10万元以下的罚款，责令生产经营单位停产停业整顿。

第二，从业人员在安全生产中的责任也是不可忽视的。《中华人民共和国刑法》第一百三十四条规定，在生产、作业中违反有关安全管理的规定，因而发生重大伤亡事故或者造成其他严重后果的，处3年以下有期徒刑或者拘役；情节特别恶劣的，处3年以上7年以下有期徒刑。

任何生产经营单位的从业人员，对于违反安全生产规定，导致重大事故发生或者其他严重后果的，将承担过失致人重伤、死亡的刑事责任。从业人员在安全生产中的法律责任不仅是刑事责任，还包括民事责任和行政责任，如果从业人员因为安全责任落实不力导致他人损害，受害者可以向其追究民事赔偿责任，相关行政管理部门也可以依法对从业人员进行行政处罚。

第三，对违法行为的举报者依法予以保护。《安全生产法》中的相关规定表明，从业人员拥有批评、检举、控告权，对于发现安全生产违法行为并进行举报的人员，法律保护其人身财产安全，不得打击报复。

第四，法律还规定了对安全生产违法行为的处罚机制。《安全生产法》规定应急管理部门和其他负有安全生产监督管理职责的部门依法开展安全生产行政执法工作，监督和检查生产经营单位和从业人员是否符合安全生产的法律要求，并根据实际情况进行行政处罚。同时，法院依法审理与安全生产相关的民事纠纷和刑事犯罪案件，对违法行为进行司法追究。

综上所述，安全生产的法律责任包括生产经营单位主要负责人责任和从业人员的刑事责任、民事责任和行政责任等。法律的约束和监管，旨在维护从业人员的权利，促进安全生产，保障社会稳定。生产经营单位和从业人员都应当高度重视安全生产，并切实履行相关的法律责任。

二、从业人员的基本权利

24. 签订劳动合同时应注意哪些事项?

《中华人民共和国劳动法》第十六条规定，劳动合同是劳动者（从业人员）与用人单位确立劳动关系、明确双方权利和义务的协议。

从业人员在上岗前应和用人单位依法签订劳动合同，建立明确的劳动关系，确定双方的权利和义务。在签订劳动合同时应注意其中两方面的内容：第一，在劳动合同中要载明保障从业人员劳动安全、防止职业危害的事项；第二，在劳动合同中要载明依法为从业人员办理工伤保险的事项。

从业人员在与用人单位签订劳动合同时，应该引起足够重视，仔细阅读合同内容，千万不要草草签名了事。遇到以下情况应拒绝签订：

（1）“生死合同”

在危险性较高的行业，有的用人单位会在合同中写上一些逃避责任的条款，典型的如“发生伤亡事故，单位概不负责”。

（2）“暗箱合同”

这类合同隐瞒工作过程中的职业危害，或者采取欺骗手段剥夺从业人员的合法权利。

（3）“霸王合同”

有的用人单位在与从业人员签订劳动合同时，只强调自身的利益，无视从业人员依法享有的权利，不容许从业人员提出意见，甚至规定“本合同条款由用人单位解释”等。

（4）“卖身合同”

这类合同要求从业人员无条件听从用人单位安排，用人单位可以任意安排加班加点，强迫从业人员劳动，使从业人员完全失去人身自由。

（5）“双面合同”

一些用人单位在与从业人员签订合同时准备了两份合同（即通常所说的“阴阳合同”），一份用来应付有关部门的检查，另一份用来约束从业人员。

法律提示

《安全生产法》第五十二条规定，生产经营单位与从业人员订立的劳动合同，应当载明有关保障从业人员劳动安全、防止职业危害的事项，以及依法为从业人员办理工伤保险的事项。

生产经营单位不得以任何形式与从业人员订立协议，免除或者减轻其对从业人员因生产安全事故伤亡依法应承担的责任。

25. 什么是安全生产的知情权与建议权，以及批评权、检举权、控告权?

（1）安全生产的知情权与建议权

在生产劳动过程中，往往存在着一些危险和有害因素。从业人员有权了解其作业场所和工作岗位与安全生产有关的情况：一是存在的危险和有害因素；二是危险和有害因素的防范措施；三是生产安全事故应急措施。

从业人员对于安全生产的知情权，是保护从业人员生命健康权的重要前提。如果从业人员知道并且掌握有关安全生产的知识和处理办法，就可以消除许多不安全因素和事故隐患，从而避免或者减少事故的发生。

同时，从业人员对本单位的安全生产工作有建议权。安全生产工作事关从业人员的生命安全和健康，因此从业人员有权参与本单位的民主管理，积极主动关心安全生产工作，为本单位的安全生产工作献计献策，并提出合理的意见与建议。

（2）安全生产的批评权、检举权、控告权

从业人员对本生产经营单位的安全生产情况尤其是安全生产管理工作中的问题和事故隐患最了解、最熟悉，具有他人不能替代的作用。只有依靠从业人员并且赋予其必要的安全生产监督权和自我保护权，才能做到预防为主，防患于未然，才能保证他们的人身安全和健康。

安全生产的批评权是指从业人员对本生产经营单位安全生产工作中存在的问题提出批评的权利。从业人员可就作业过程中的管理缺陷、设备安全事故隐患、风险控制不到位等情况提出问题与批评。这一权利规定有利于从业人员对本生产经营单位进行监督，促使生产经营单位不断改进安全生产工作方式方法。

安全生产的检举权、控告权是指从业人员对本生产经营单位及有关人员违反安全生产法律法规的行为，有向其主管部门和司法机关进行检举和控告的权利。检举可以署名，也可以不署名；可以用书面形式，也可以用口头形式。但是，从业人员在行使这一权利时，应注意检举和控告的情况必须真实，要实事求是。

法律提示

《安全生产法》第五十三条规定，生产经营单位的从业人员有权了解其作业场所和工作岗位存在的危险因素、防范措施及事故应急措施，有权对本单位的安全生产工作提出建议。

《安全生产法》第五十四条规定，从业人员有权对本单位安全生产工作中存在的问题提出批评、检举、控告；有权拒绝违章指挥和强令冒险作业。

生产经营单位不得因从业人员对本单位安全生产工作提出批评、检举、控告或者拒绝违章指挥、强令冒险作业而降低其工资、福利等待遇或者解除与其订立的劳动合同。

26. 法律赋予从业人员享有拒绝违章指挥和强令冒险作业权的目的是什么？

《安全生产法》规定，从业人员享有拒绝违章指挥和强令冒险作业权，这是保护从业人员生命安全和健康的一项重要权利。

在生产劳动过程中，有时会出现生产经营单位负责人或者管理人员违章指挥和强令从业人员冒险作业的情况，由此可能导致事故发生，造成人员伤亡。因此，法律赋予从业人员拒绝违章指挥和强令冒险作业的权利，不仅是为了保护从业人员的人身安全，也是为了警示生产经营单位负责人和管理人员必须照章指挥、保障安全。生产经营单位不得因从业人员拒绝违章指挥和强令冒险作业而对其进行打击报复。

法律赋予了从业人员面对违章指挥和冒险作业时的拒绝权利，从业人员除了要有行使权利的意识，更应具备行使权利的知识储备。在作业现场，从业人员要识别现场作业环境危险程度，判断指令违章与否，在此基础上合理行使拒绝权才能更好地实现保护自身安全的目的。

27. 什么是紧急情况下的停止作业和紧急撤离权？

在生产过程中，可能发生一些意外的或者人为的直接危及从业人员人身安全的危险情况，同时此类危险情况具有压倒性或不可阻挡性，即从业人员无法阻止事故的发生。当遇到危险紧急情况并且无法避免时，最大限度地保护现场从业人员的生命安全是第一位的，因此法律赋予从业人员享有停止作业和紧急撤离的权利。

从业人员在行使这项权利时，必须明确以下几点：

（1）危及从业人员人身安全的紧急情况必须有可靠的直接根据，凭借个人猜测或者误判而实际并不属于危及从业人员人身安全的紧急情况除外。这项权利不能滥用，以避免本可以及时处理应对的情况，却因人员撤离而导致事故发生或其他严重的损失。

（2）紧急情况必须直接危及人身安全，在间接或者可能危及人身安全的情况下，应视实际情况决定是否撤离，且采取有效处理措施。

（3）出现直接危及人身安全的紧急情况时，首先要停止作业，然后采取可能的应急措施。采取应急措施无效时，应撤离作业场所。

（4）该项权利不适用于某些从事特殊职业的从业人员，比如车辆驾驶人员等。

例如，当建筑施工工地发生坍塌、火灾、爆炸等直接危及人身安全的紧急情况时，有关人员应立即停止作业，并根据发生情况的严重程度做出恰当处理，在采取可能的应急措施（如按要求关闭正在运行的电气设备）后，按逃生路线迅速撤离作业场所。又如，在矿山井下开采过程中，出现矿压活动频繁且剧烈、巷道或工作面底板突然鼓起、支架出现破坏等情况，以及煤（岩）层变软、湿润等煤与瓦斯突出预兆时，井下作业人员有权停止作业，立即撤离。

法律提示

《安全生产法》第五十五条规定，从业人员发现直接危及人身安全的紧急情况时，有权停止作业或者在采取可能的应急措施后撤离作业场所。

生产经营单位不得因从业人员在规定紧急情况下停止作业或者采取紧急撤离措施而降低其工资、福利等待遇或者解除与其订立的劳动合同。

28. 什么是工伤保险赔偿权?

用人单位应当依法为职工办理工伤保险的事项。用人单位不得以任何形式与职工订立协议，免除或者减轻其对职工因生产安全事故伤亡依法应当承担的责任。工伤保险费由用人单位缴纳，职工个人不缴费。

职工在生产作业现场可能遭受各类意外伤害和职业有害因素的侵害，进而造成伤亡。在职工因从事生产经营活动暂时或永久丧失劳动能力时，职工或其近亲属有权从国家、社会得到必要的物质补偿，这种物质补偿一般以现金的形式体现。

《安全生产法》的有关规定明确了工伤赔偿的有关内容:

（1）工伤职工依法享有工伤保险待遇的权利，这项权利必须以劳动合同必要条款的书面形式加以确认。

（2）依法为职工缴纳工伤保险费和给予民事赔偿是用人单位的法律义务。

（3）发生生产安全事故后，工伤职工可依照劳动合同和工伤保险相关规定的约定和规定，获得相应的赔偿金。

（4）工伤职工获得工伤保险赔偿和民事赔偿的金额标准、领取和支付程序，必须符合法律法规和有关政策规定。

法律提示

《安全生产法》第五十六条规定，生产经营单位发生生产安全事故后，应当及时采取措施救治有关人员。

因生产安全事故受到损害的从业人员，除依法享有工伤保险外，依照有关民事法律尚有获得赔偿的权利的，有权提出赔偿要求。

知识学习

工伤保险是指国家通过立法建立的以社会统筹方式筹集的基金，对因工作遭受事故伤害或患职业病的职工提供医疗救治和经济赔偿，促进工伤预防和职业康复的制度。

29. 女职工依法享有哪些特殊劳动保护权利？

女职工的身体结构和生理特点决定其应受到特殊劳动保护。女职工的体力一般比男职工差，特别是女职工在“五期”（经期、孕期、产期、哺乳期、绝经期）有特殊的生理变化现象，所以女职工对工业生产过程中的有毒有害因素一般比男职工更敏感。另外，高噪声环境、剧烈振动、放射性物质等都能对女性生殖功能和身体产生有害影响。因此，要做好和加强女职工的特殊劳动保护工作，避免和减少劳动生产过程给女职工带来的危害。

《中华人民共和国劳动法》对女职工的特殊劳动保护作出以下规定：

（1）禁止安排女职工从事矿山井下、国家规定的第四级体力劳动强度的劳动和其他禁忌从事的劳动。

（2）不得安排女职工在经期从事高处、低温、冷水作业和国家规定的第三级体力劳动强度的劳动。

（3）不得安排女职工在怀孕期间从事国家规定的第三级体力劳动强度的劳动和孕期禁忌从事的劳动。对怀孕 7 个月以上的女职工，不得安排其延长工作时间和夜班劳动。

（4）女职工生育享受不少于 90 天的产假。

（5）不得安排女职工在哺乳未满一周岁的婴儿期间从事国家规定的第三级体力劳动强度的劳动和哺乳期禁忌从事的其他劳动，不得安排其延长工作时间和夜班劳动。

法律提示

关于女职工其他特殊劳动保护政策和女职工禁忌作业范围的规定，可查阅《中华人民共和国妇女权益保障法》《女职工劳动保护特别规定》等。

知识学习

第三级体力劳动强度的劳动判定标准为 8 小时工作日平均耗能值为 7 310.2 千焦耳 / 人，劳动时间率为 73%，即净劳动时间为 350 分钟，相当于重强度劳动，包括搬重物、铲、锤锻、锯刨或凿硬木、割草、挖掘等。

第四级体力劳动强度的劳动判定标准为 8 小时工作日平均耗能值为 11 304.4 千焦耳 / 人，劳动时间率为 77%，即净劳动时间为 370 分钟，相当于“很重”强度劳动。

30. 未成年工依法享有哪些特殊劳动保护权利？

相比成年职工，未成年工显然更容易在生产活动中遭受伤害，因此依法享有特殊劳动保护的权利，这是针对未成年工处于生长发育期的特点以及接受义务教育的需要所采取的特殊劳动保护措施。

未成年工处于生长发育期，身体机能尚未健全，也缺乏生产知识和生产技能，过重及过度紧张的劳动、不良的工作环境、不合适的劳动工种或劳动岗位，都会对他们产生不利影响，如果劳动过程中不进行特殊保护，就会损害他们的身体健康。例如，未成年女工长期从事负重作业和立位作业，可影响其骨盆正常发育，导致其以后生育难产发病率增高；未成年工对生产性毒物敏感性较强，长期从事有毒有害作业易引起职业中毒，影响其生长发育。

《中华人民共和国劳动法》对未成年工的特殊劳动保护作出以下规定：

（1）未成年工是指年满16周岁未满18周岁的劳动者。

（2）不得安排未成年工从事矿山井下、有毒有害、国家规定的第四级体力劳动强度的劳动和其他禁忌从事的劳动。

（3）用人单位应当对未成年工定期进行健康检查。

法律提示

关于未成年工其他特殊劳动保护政策和未成年工禁忌作业范围的规定，可查阅《中华人民共和国未成年人保护法》及其他相关规章。

三、从业人员的基本义务

31. 从业人员有遵章守规、服从管理的义务吗?

生产经营单位的安全生产规章制度、安全操作规程是其生产经营管理规章制度的重要组成部分。根据《安全生产法》及其他有关法律法规的规定，生产经营单位必须制定安全生产规章制度和操作规程，从业人员必须严格依照这些规章制度和操作规程进行生产经营作业。生产经营单位的负责人和管理人员有权依照规章制度和操作规程进行安全管理，监督检查从业人员遵章守规的情况。

从业人员是生产经营单位的主体，遵章守规、服从管理是生产经营单位能够运行并长久生存发展的基础，也是从业人员最基本的义务之一。在生产作业过程中，从业人员的任何行为都不得违反生产经营单位的规章制度，这不仅是为了生产经营单位的正常秩序，更是为了从业人员个人的人身和财产安全。

从业人员应当具备遵章守规、服从管理的良好品质，积极学习了解生产经营单位安全生产规章制度，服从正确的管理和指导，进而培养良好的生产作业安全意识，为生产经营单位井然的秩序和个人健康的职业生涯提供保障。

依照法律规定，从业人员不服从管理，违反安全生产规章制度和操作规程的，由生产经营单位给予批评教育，依照有关规章制度给予处分；造成重大事故，构成犯罪的，依照《中华人民共和国刑法》有关规定追究其刑事责任。

32. 从业人员为什么必须按规定佩戴和使用劳动防护用品?

为保障人身安全，生产经营单位必须为从业人员提供必要的、安全的劳动防护用品，以避免或者减轻作业中的人身伤害。正确佩戴和使用劳动防护用品是从业人员的安全生产权利，也是从业人员必须遵守的基本义务之一。

已经有大量理论和实践证明，正确使用劳动防护用品能有效减少从业人员受到的职业病危害因素的侵害或降低意外事故造成的伤害。例如：正确佩戴安全帽可以大大减少物体打击等事故造成的伤害；正确佩戴防尘面罩可有效阻止生产性粉尘侵入人体肺部，降低职工罹患尘肺病的概率。

但在实践中，一些从业人员缺乏安全知识，心存侥幸或嫌麻烦，往往不按规定佩戴和使用劳动防护用品，由此引发的人身伤害事故时有发生。另外，有的从业人员由于不会或者没有正确使用劳动防护用品，同样也难以避免受到人身伤害。

因此，正确佩戴和使用劳动防护用品是从业人员必须履行的法定义务，这是保证从业人员人身安全和生产经营单位安全生产的需要，也是对自身、家庭与社会负责的最基本的行为。

法律提示

《安全生产法》第五十七条规定，从业人员在作业过程中，应当严格落实岗位安全责任，遵守本单位的安全生产规章制度和操作规程，服从管理，正确佩戴和使用劳动防护用品。

33. 从业人员需要接受教育培训掌握安全生产技能吗？

安全生产教育培训是生产经营单位安全生产管理工作的重要内容。健全完善安全生产教育培训制度，搞好对全体从业人员的安全生产教育培训工作，对提高生产经营单位安全生产水平具有重要作用。国家通过立法对生产经营单位安全生产教育培训工作作出了具体的要求，生产经营单位需要落实安全生产教育培训有关的法律责任，在做好相关工作的同时，逐步提升安全生产水平。从业人员有接受教育培训掌握安全生产技能的权利，同时这也是从业人员必须履行的基本义务之一。

不同生产经营单位、不同工作岗位和不同的生产设备设施具有不同的安全技术特性和要求。随着高新技术装备的大量使用，生产经营单位对从业人员的安全素质要求越来越高。从业人员的安全意识和安全技能水平，直接关系生产经营单位生产经营活动的安全可靠性。从业人员需要具有系统的安全生产知识、熟练的安全生产技能，以及有关不安全因素、事故隐患、突发事故等方面的预防与应急处理能力。因此，为适应生产经营单位生产经营活动的需要，从业人员必须接受专门的安全生产知识教育和业务培训，不断提高自身的安全生产技术知识和能力。

从业人员应该认真学习安全生产技能和知识，培养良好的安全意识，将安全生产教育培训所学内容贯彻到作业现场的实际行动中，切忌将安全生产教育培训浮于表面或流于形式，这是对自身安全生产权利与义务的忽视，也是对个人安全健康极不负责的表现。

法律提示

《安全生产法》第五十八条规定，从业人员应当接受安全生产教育和培训，掌握本职工作所需的安全生产知识，提高安全生产技能，增强事故预防和应急处理能力。

知识学习

常见的生产经营单位安全生产教育培训类型包括新工人三级安全教育培训、特种作业人员安全教育培训、复工复产安全教育培训、全员安全教育培训等。

34. 从业人员发现事故隐患后应该怎么办?

从业人员往往是事故隐患和不安全因素的首要知情人。许多安全生产事故正是因为从业人员在作业现场或在操作过程中发现事故隐患和不安全因素后，没有及时向安全生产管理人员报告，导致错过了采取措施进行紧急处理的最佳时机，最终酿成事故。相反，如果从业人员能够履行自己的责任和义务，行使自己的权力，对生产经营单位的安全生产工作进行监督，及时发现并报告事故隐患和不安全因素，使之得到及时的、有效的处理，就可以避免安全生产事故的发生或降低事故损失。因此，发现事故隐患并及时报告是贯彻安全第一、预防为主、综合治理安全生产工作方针的有效途径，是加强事前防范的重要措施。

法律提示

《安全生产法》第五十九条规定，从业人员发现事故隐患或者其他不安全因素，应当立即向现场安全生产管理人员或者本单位负责人报告；接到报告的人员应当及时予以处理。

35. 被派遣劳动者的安全生产权利和义务有哪些?

《安全生产法》第六十一条规定，生产经营单位使用被派遣劳动者的，被派遣劳动者享有本法规定的从业人员的权利，并应当履行本法规定的从业人员的义务。

从业人员（包括被派遣劳动者）的安全生产权利具体包括：获得安全保障、工伤保险和民事赔偿的权利；获知危险因素、防范措施和事故应急措施的权利；对本单位安全生产工作提出意见以及拒绝违章指挥等的权利；紧急情况下停止作业和紧急撤离的权利。

从业人员（包括被派遣劳动者）的安全生产义务具体包括：在工作时，要对自己工作岗位上的安全职责进行严格落实，要严格遵守所在生产经营单位的安全生产规章制度和操作规程，要服从管理，并且要有正确佩戴和使用劳动防护用品的意识；

接受所在生产经营单位的安全生产教育培训；有责任及时报告危险和其他不安全因素。

在《安全生产法》第五十七条中，对从业人员要求“应当严格落实岗位安全责任”，这表示对一线从业人员的要求进一步提升，从被动服从管理，遵守本生产经营单位的安全生产规章制度和操作规程，到主动落实相应的安全责任，并将不履行安全职责的行为列入了对从业人员的行政处罚。为此，一线从业人员应不断提高自己，积极参与安全生产工作。

知识学习

被派遣劳动者是指与劳务派遣公司签订劳动合同或劳务派遣协议，被派遣到用人单位从事劳动、工作的人员。

法律提示

《中华人民共和国劳动合同法》第五十九条规定，劳务派遣单位派遣劳动者应当与接受以劳务派遣形式用工的单位（以下称用工单位）订立劳务派遣协议。劳务派遣协议应当约定派遣岗位和人员数量、派遣期限、劳动报酬和社会保险费的数额与支付方式以及违反协议的责任。

用工单位应当根据工作岗位的实际需要与劳务派遣单位确定派遣期限，不得将连续用工期限分割订立数个短期劳务派遣协议。

第三部分　生产经营单位安全生产管理知识

一、安全生产责任制

36. 为什么要建立全员安全生产责任制？

全面加强生产经营单位全员安全生产责任制工作，是推动生产经营单位落实安全生产主体责任的重要抓手，有利于减少生产经营单位违章指挥、违规作业、违反劳动纪律的现象，有利于降低因人的不安全行为造成的生产安全事故，对解决生产经营单位安全生产责任传导不力问题和维护广大从业人员的安全健康具有重要意义。

安全生产是生产经营单位的一项基本责任，不仅关系生产经营单位的稳定发展，更重要的是关系从业人员的安全健康。因此，仅仅依靠安全生产管理机构或者安全生产管理人员来管理安全生产工作是不够的，必须联合起来，发挥各职能部门在自己业务范围内的作用，建立起一套完善的安全生产保障体系，包括安全生产岗位责任制、风险管控与隐患排查治理、安全生产教育培训、安全生产检查等。只有这样，才能有效地实现生产经营单位的安全发展，确保从业人员的安全健康。只有将制度制定好并执行好，才能让生产经营单位的安全生产工作层层都有专人负责、事事都有专人管理，做到齐抓共管、职责明确、协同配合、综合治理，最终达到建立起全员安全生产责任制的目的。

全员安全生产责任制，顾名思义，就是让全体从业人员都参与进来，其目的在于向生产经营单位强调，要确保安全生产的顺利进行，不再是某个部门或某个人的责任，而是全体从业人员共同努力的结果。全员安全生产责任制是对生产经营单位岗位责任制的细化，是一项最基本的安全制度，也是生产经营单位安全生产、劳动保护管理制度的核心，更是强化生产经营单位主体责任，加强部门之间协调配合的良方。

法律提示

《安全生产法》第二十二条规定，生产经营单位的全员安全生产责任制应当明确各岗位的责任人员、责任范围和考核标准等内容。

生产经营单位应当建立相应的机制，加强对全员安全生产责任制落实情况的监督考核，保证全员安全生产责任制的落实。

37. 各级人员的安全生产责任有哪些?

根据全员安全生产责任制的要求，除生产经营单位的主要负责人、决策机构成员、分管负责人等领导人员和专职安全生产管理人员之外，各岗位的工作人员都应明确各自的安全生产职责，保证安全生产职责落实到位。

（1）主要负责人与其他负责人的安全生产责任

1）生产经营单位的主要负责人是本单位安全生产的第一责任人。生产经营单位的主要负责人是安全生产的第一责任人，对本单位安全生产全面负责。主要负责人应承担法律责任的情形主要包括：第一，没有按照法律规定对安全生产经费进行落实；第二，未尽到安全生产的管理职责；第三，对因未尽法定职责而造成生产安全事故的主要责任人处以罚款；第四，对未及时组织抢救，擅自离开岗位、逃避责任的，未给予相应的处罚；第五，对不报、谎报、晚报生产安全事故的，未给予相应的处罚。

2）生产经营单位的其他负责人是本单位安全生产的分管责任人。除第一责任人外，分管责任人在各自的职责范围内承担相应的安全生产责任。通常将其他负责人定位于具有一定决策权或业务领导权的中高层，并以严格的职责划分其职权范围。在安全生产工作中，生产经营单位分管安全生产的负责人也应当包括在其他负责人之中。“三管三必须原则”（管行业必须管安全、管业务必须管安全、管生产经营必须管安全）是指其他负责人都要承担起相应的安全生产职责，也就是要切实履行好“一岗双责”。

（2）安全生产管理机构（人员）的具体责任

生产经营单位的安全生产管理机构以及安全生产管理人员依法履行下列主要职责：

1）组织或者参与拟订本单位安全生产规章制度、操作规程和生产安全事故应急救援预案。

2）组织或者参与本单位安全生产教育培训，如实记录安全生产教育培训情况。

3）组织开展危险源辨识和评估，督促落实本单位重大危险源的安全管理措施。

4）组织或者参与本单位应急救援演练。

5）检查本单位的安全生产状况，及时排查生产安全事故隐患，提出改进安全生产管理的建议。

6）制止和纠正违章指挥、强令冒险作业、违反操作规程的行为。

7）督促落实本单位安全生产整改措施。

（3）班组长的安全生产责任

班组长全面负责本班组的安全生产工作，是安全生产规章制度和安全操作规程的直接执行者。班组长的安全生产责任主要包括以下方面：

1）认真执行有关安全生产的规章制度和安全操作规程，对本班组从业人员在生产中的安全健康负责。

2）根据生产任务、生产环境和从业人员思想状况等特点，开展事故预防工作，对新调入的从业人员进行岗位安全教育，并在其熟悉工作前指定专人负责其安全。

3）组织本班组从业人员学习安全操作规程，检查执行情况，教育从业人员在任何情况下不得违章蛮干，发现从业人员违章作业时，应立即制止。

4）经常进行安全检查，发现问题及时解决，对不能从根本上解决的问题，要采取临时控制措施，并及时上报。

5）认真执行交接班制度，遇到安全问题，在隐患未排除之前或责任未分清之前不交接。

6）发生生产安全事故，要保护现场，立即上报，详细记录，并组织全班组从业人员认真分析，吸取教训，提出防范措施。

7）对本班组事故预防工作中的好人好事及时予以表扬。

（4）从业人员的安全生产责任

从业人员要依法履行安全生产职责。从业人员的安全生产责任主要包括以下方面：

1）认真学习和严格遵守各项规章制度，不违反劳动纪律，不违规作业，对本岗位的安全生产负直接责任。

2）精心操作，严格执行安全操作规程，做好各项记录。

3）正确分析、判断和处理各种事故隐患，如果发生事故，要正确处理，及时、如实地向上级报告并保护现场，做好详细记录。

4）按时认真进行巡回检查，发现异常情况及时处理和报告。

5）正确操作设备，精心维护设备，保持作业环境整洁，搞好文明生产。

6）上岗必须按规定着装，妥善保管和正确使用各种劳动防护用品和灭火器材。

7）积极参加各种安全活动，对他人违规作业应加以劝阻和制止。

二、安全生产规章制度和安全操作规程

38. 建立安全生产规章制度的作用是什么?

安全生产规章制度是指生产经营单位依据国家有关法律、法规、部门规章、国家和行业标准，结合安全生产管理工作实际，以生产经营单位的名义颁发的有关安全生产的规范性文件，一般包括规程、标准、规定、措施、办法、制度、指导意见等。安全生产规章制度是一个生产经营单位规章制度的重要组成部分，也是保障生产经营活动安全、顺利进行的重要手段。生产经营单位的安全生产规章制度主要包括两方面的内容：一是安全生产管理方面的规章制度；二是安全生产技术方面的规章制度。

安全生产规章制度是生产经营单位贯彻国家有关安全生产法律、法规、部门规章、国家和行业标准，以及安全生产工作方针、政策的行动指南，是生产经营单位有效防范生产经营过程中的安全风险，保障从业人员安全健康、财产安全、公共安全，加强安全管理的重要措施。

法律提示

《安全生产法》第四十四条规定，生产经营单位应当教育和督促从业人员严格执行本单位的安全生产规章制度和安全操作规程，并向从业人员如实告知作业场所和工作岗位存在的危险因素、防范措施以及事故应急措施。

39. 安全生产规章制度的种类有哪些?

安全生产规章制度一般可以分为4类，即综合安全管理制度、人员安全管理制度、设施安全管理制度和环境安全管理制度。

（1）综合安全管理制度

该类制度包括安全生产管理目标、指标和总体原则，安全生产责任制，安全管理定期例行工作制度，安全设施和费用管理制度，危险物品使用管理制度，重大危险源管理制度，消防安全管理制度，隐患排查和治理制度，事故调查、报告、处理制度，应急管理制度，安全奖惩制度，承包与发包工程安全管理制度，交通安全管理制度，防灾减灾管理制度等。

（2）人员安全管理制度

该类制度包括安全生产教育培训制度，劳动防护用品发放、使用和管理制度，安全工器具的使用和管理制度，特种作业及特殊作业管理制度，岗位安全规范，职业健康检查制度，现场作业安全管理制度等。

（3）设施安全管理制度

该类制度包括“三同时”（是指生产经营单位新建、改建、扩建工程项目的安全设施，必须与主体工程同时设计、同时施工、同时投入使用）制度，定期巡视检查制度，定期维护检修制度，定期检测、检验制度，安全操作规程等。

（4）环境安全管理制度

该类制度包括安全标志管理制度、作业环境管理制度、职业卫生管理制度等。

40. 什么是安全操作规程，其内容有哪些?

规程是对工艺、操作、安装、检查、安全、管理等具体技术要求和实施程序制定的统一规定。安全操作规程是指在生产经营活动中，为消除导致人身伤亡或者造成设备、财产破坏以及危害环境的因素而制定的具体技术要求和实施程序的统一规定。安全生产规章制度和安全操作规程是保证生产经营活动安全而进行的重要制度保障，从业人员在进行作业时必须严格执行。实践中，一些生产经营单位不教育和督促从业人员严格执行安全操作规程，任由其盲目操作，从而导致生产安全事故的发生。安全操作规程的内容一般包括：操作步骤和程序，安全技术知识和注意事项，个人劳动防护用品的选用、使用和维护技术，生产设备和安全设施的维修保养方法，预防事故伤害的应急措施，安全检查制度及其要求等。

三、安全生产标准化

41. 安全生产标准包括哪些种类?

安全生产标准是安全生产法律制度的重要组成部分，也是安全生产管理的基础和监督执法工作的重要技术依据。安全生产标准的范围包括矿山安全、危险化学品安全、建筑安全、消防安全、机械安全、电气安全、交通运输安全、个体防护装备（劳动防护用品）、特种设备安全等。安全生产标准适用于工矿企业开展安全生产标准化工作以及对标准化工作的咨询、服务和评审，其他企业和生产经营单位可参照执行。安全生产标准可分为基础标准、管理标准、技术标准、方法标准和产品标准。

（1）基础标准

基础标准主要指在安全生产领域的不同范围内，对普遍的、广泛通用的共性认识制定的统一规定，是在一定范围内作为制定其他安全生产标准的依据和共同遵守的准则。

（2）管理标准

管理标准是指通过计划、组织、控制、监督、检查、评价与考核等管理活动的内容、程序、方式，使生产过程中人、机、物、环各个因素处于安全受控状态，直接服务于生产经营科学管理的准则和规定。

（3）技术标准

技术标准是指对于生产过程中的设计、施工、操作、安装等具体技术要求及实施程序中设立的必须符合一定安全要求以及能达到此要求的实施技术和规范的总称。

（4）方法标准

方法标准是对各项生产过程中技术活动的方法制定的规定。安全生产方面的方法标准主要包括两类：一类以试验、检查、分析、抽样、统计、计算、测定、作业等方法为对象制定的标准；另一类是为合理生产优质产品，并在生产、作业、试验、业务处理等方面为提高效率而制定的标准。

（5）产品标准

产品标准是对某一具体安全设备、装置和劳动防护用品及其试验方法、检测检验规则，以及标志、包装、运输、储存等方面制定的技术规定。它是在一定时期和一定范围内具有约束力的技术准则，是产品在生产、检验、验收、使用、维护和洽谈贸易等过程中的重要技术依据，对于保障安全，提高生产率和产品使用效益具有重要意义。

法律提示

《安全生产法》第四条规定，生产经营单位必须遵守本法和其他有关安全生产的法律、法规，加强安全生产管理，建立健全全员安全生产责任制和安全生产规章制度，加大对安全生产资金、物资、技术、人员的投入保障力度，改善安全生产条件，加强安全生产标准化、信息化建设，构建安全风险分级管控和隐患排查治理双重预防机制，健全风险防范化解机制，提高安全生产水平，确保安全生产。

《中华人民共和国标准化法》第十条规定，对保障人身健康和生命财产安全、国家安全、生态环境安全以及满足经济社会管理基本需要的技术要求，应当制定强制性国家标准。

国务院有关行政主管部门依据职责负责强制性国家标准的项目提出、组织起草、征求意见和技术审查。国务院标准化行政主管部门负责强制性国家标准的立项、编号和对外通报。国务院标准化行政主管部门应当对拟制定的强制性国家标准是否符合上述规定进行立项审查，对符合上述规定的予以立项。

42. 为什么要加强安全生产标准化建设?

安全生产标准化是指通过建立安全生产责任制，制定安全生产规章制度和操作规程，排查治理事故隐患和监控重大危险源，建立预防机制，规范生产行为，使各生产环节符合有关安全生产法律、法规、规章、标准、规程的要求，使人、机、物、环处于良好的生产状态并持续改进，不断加强生产经营单位安全生产规范化建设。安全生产标准化建设是指采用科学的方法和手段，使人、机、物、环达到最佳统一，从而最大限度地防止和减少人员伤亡事故。加强安全生产标准化建设，对助力生产经营单位的安全生产发展以及保障从业人员的安全健康有着重要意义，具体体现在以下 5 个方面：

（1）加强安全生产标准化建设是落实生产经营单位安全生产主体责任的必要途径

国家有关安全生产法律、法规和规范明确要求，要严格生产经营单位的安全生产管理，全面开展安全生产达标。生产经营单位是安全生产的责任主体，也是安全生产标准化建设的主体，要通过加强生产经营单位每个岗位和生产环节的安全生产标准化建设，不断提高安全管理水平，促进生产经营单位安全生产主体责任落实到位。

（2）加强安全生产标准化建设是强化生产经营单位安全生产基础工作的长效制度

安全生产标准化建设涵盖了增强人员安全素质、提高装备设施水平、改善作业环境、强化岗位责任制落实等各个方面，是一项长期性的、基础性的系统工程，有利于全面促进生产经营单位提高安全生产水平。

（3）加强安全生产标准化建设是政府实施安全生产分类指导、分级监督管理的重要依据

实施安全生产标准化建设考评，将生产经营单位划分为不同等级，能够客观真实地反映出各地区生产经营单位的安全生产状况和不同安全生产水平的生产经营单位数量，为加强安全生产监督管理提供有效的基础数据。

（4）加强安全生产标准化建设是有效防范事故发生的重要手段

深入开展安全生产标准化建设，能够进一步规范从业人员

的安全行为，提高机械化和信息化水平，促进现场各类事故隐患的排查治理，推进安全生产长效机制建设，有效防范和坚决遏制事故发生，促进全国安全生产状况持续稳定好转。

（5）加强安全生产标准化建设是维护从业人员合法权益的重要体现

安全生产的目的就是保护从业人员在生产中的安全健康，促进经济建设。安全生产标准化是生产经营单位的安全生产工作基础，能够改善生产经营单位的安全生产条件，提高安全生产水平，保障从业人员的合法权利。

43. 企业安全生产标准化建设的主要内容有哪些?

根据《企业安全生产标准化基本规范》（GB/T 33000—2016），安全生产标准化建设的主要内容包括 8 个一级要素和 28 个二级要素，具体如下：

（1）目标职责

本一级要素包括目标、机构和职责、全员参与、安全生产投入、安全文化建设、安全生产信息化建设 6 个二级要素。

（2）制度化管理

本一级要素包括法规标准识别、规章制度、操作规程、文档管理 4 个二级要素。

（3）教育培训

本一级要素包括教育培训管理、人员教育培训 2 个二级要素。

（4）现场管理

本一级要素包括设备设施管理、作业安全、职业健康、警示标志 4 个二级要素。

（5）安全风险管控及隐患排查治理

本一级要素包括安全风险管理、重大危险源辨识与管理、隐患排查治理、预测预警 4 个二级要素。

（6）应急管理

本一级要素包括应急准备、应急处置、应急评估 3 个二级要素。

（7）事故管理

本一级要素包括报告、调查和处理、管理 3 个二级要素。

（8）持续改进

本一级要素包括绩效评定、持续改进 2 个二级要素。

44. 企业安全生产标准化建设的流程是什么？

企业安全生产标准化建设采用“策划、实施、检查、改进”动态循环的模式，按照《企业安全生产标准化基本规范》（GB/T 33000—2016）的要求，结合自身特点，建立并保持安全生产标准化管理体系，通过自我检查、自我纠正和自我完善，建立安全绩效持续改进的安全生产长效机制。

企业安全生产标准化建设流程如下：

（1）策划准备及制定目标

策划准备阶段首先要成立领导小组，由企业主要负责人担任领导小组组长；然后成立执行小组，负责安全生产标准化建设过程中的具体问题。制定目标阶段是指确定安全生产标准化建设的目标，并根据目标来制定推进方案。

（2）教育培训

安全生产标准化建设需要全员参与，应对企业领导层、部门管理人员和其他从业人员进行教育培训。同时，要加大安全生产标准化工作的宣传力度，提高全员参与度。

（3）现状梳理

对照相应专业评定标准（或评分细则），摸清各单位存在的问题和缺陷。对发现的问题，定责任部门、定措施、定时间、定资金，及时进行整改并验证整改效果。

（4）管理文件制修订

企业要对照评定标准，结合现状摸底所发现的问题，提出有关文件的制修订计划，并严格执行。

（5）实施运行及整改

根据制修订后的安全管理文件，企业要在日常工作中进行实际运行。根据运行情况，将发现的问题及时进行整改及完善。

（6）企业自评

企业在安全生产标准化管理体系运行一段时间后，开展自评工作，对自评中发现的问题进行整改。

（7）评审申请

企业完成自评工作后，向相应的评审组织单位或有关部门递交评审申请。

（8）外部评审

企业应接受并积极配合外部评审单位的正式评审，对评审报告中列举的全部问题及时进行整改。

四、安全生产教育培训

45. 对从业人员的安全生产教育培训有什么要求？

根据《生产经营单位安全培训规定》，生产经营单位应当进行安全教育培训的从业人员包括主要负责人、安全生产管理人员、特种作业人员和其他从业人员。

生产经营单位要确立终身教育的观念和全员培训的目标，对在岗的从业人员应进行经常性的安全生产教育培训。

生产经营单位主要负责人和安全生产管理人员应当接受安全生产教育培训，具备与所从事的生产经营活动相适应的安全生产知识和管理能力。

生产经营单位主要负责人安全生产教育培训的内容应当包括：国家安全生产方针、政策和有关安全生产的法律、法规、规章及标准；安全生产管理基本知识、安全生产技术、安全生产专业知识；重大危险源管理、重大事故防范、应急管理和救援组织以及事故调查处理的有关规定；职业危害及其预防措施；国内外先进的安全生产管理经验；典型事故和应急救援案例分析；其他需要培训的内容。

生产经营单位安全生产管理人员安全生产教育培训的内容应当包括：国家安全生产方针、政策和有关安全生产的法律、法规、规章及标准；安全生产管理、安全生产技术、职业健康等知识；伤亡事故统计、报告及职业危害的调查处理方法；应急管理、应急预案编制以及应急处置的内容和要求；国内外先进的安全生产管理经验；典型事故和应急救援案例分析；其他需要培训的内容。

生产经营单位的其他从业人员也必须接受安全生产教育培

训，这是其权利也是其应尽的义务。从业人员接受安全生产教育培训的内容应包括安全生产的规章制度、生产所需的安全操作技能、事故应急处理的基本常识、所处作业环境的基本风险要素以及其他所需的安全生产常识等。

生产经营单位的特种作业人员，必须按照国家有关法律、法规的规定接受专门的安全培训，经考核合格，取得特种作业操作资格证书后，方可上岗作业。

法律提示

《安全生产法》第二十八条规定，生产经营单位应当对从业人员进行安全生产教育和培训，保证从业人员具备必要的安全生产知识，熟悉有关的安全生产规章制度和安全操作规程，掌握本岗位的安全操作技能，了解事故应急处理措施，知悉自身在安全生产方面的权利和义务。未经安全生产教育和培训合格的从业人员，不得上岗作业。

生产经营单位使用被派遣劳动者的，应当将被派遣劳动者纳入本单位从业人员统一管理，对被派遣劳动者进行岗位安全操作规程和安全操作技能的教育和培训。劳务派遣单位应当对被派遣劳动者进行必要的安全生产教育和培训。

生产经营单位接收中等职业学校、高等学校学生实习的，应当对实习学生进行相应的安全生产教育和培训，提供必要的劳动防护用品。学校应当协助生产经营单位对实习学生进行安全生产教育和培训。

生产经营单位应当建立安全生产教育和培训档案，如实记录安全生产教育和培训的时间、内容、参加人员以及考核结果等情况。

按照《生产经营单位安全培训规定》中的相关规定，生产经营单位新上岗的从业人员，岗前安全培训时间不得少于24学时。煤矿、非煤矿山、危险化学品、烟花爆竹、金属冶炼等生产经营单位新上岗的从业人员安全培训时间不得少于72学时，每年再培训的时间不得少于20学时。

从业人员在本生产经营单位内调整工作岗位或离岗一年以上重新上岗时，应当重新接受车间（工段、区、队）和班组级的安全培训。

生产经营单位应当建立健全从业人员安全生产教育培训档案，详细、准确记录安全生产教育培训的时间、内容、参加人员以及考核结果等情况。

46. 三级安全教育包括哪些内容?

加工、制造业等生产经营单位的其他从业人员，在上岗前必须经过厂（矿）、车间（工段、区、队）、班组三级安全生产教育培训。

（1）厂（矿）级岗前安全生产教育培训

这类教育培训的主要内容包括：本单位安全生产情况及安全生产基本知识；本单位安全生产规章制度和劳动纪律；从业人员的安全生产权利和义务；有关事故案例等。

煤矿、非煤矿山、危险化学品、烟花爆竹、金属冶炼等生产经营单位厂（矿）级岗前安全教育培训除包括上述内容外，应当增加事故应急救援、事故应急预案演练及事故防范措施等内容。

（2）车间（工段、区、队）级岗前安全生产教育培训

这类教育培训的主要内容包括：工作环境及危险因素；所从事工种可能遭受的职业伤害和伤亡事故；所从事工种的安全职责、操作技能及强制性标准；自救互救、急救方法、疏散和现场紧急情况的处理；安全设备设施、劳动防护用品的使用和维护；本车间（工段、区、队）安全生产状况及规章制度；预防事故和职业病的措施及应注意的安全事项；有关事故案例等。

（3）班组级岗前安全生产教育培训

这类教育培训的主要内容包括：岗位安全操作规程；岗位之间工作衔接配合的安全与职业卫生事项；有关事故案例等。

47. 岗位安全生产教育培训的内容有哪些？

岗位安全生产教育培训的内容主要包括日常安全生产教育培训、定期安全考试和专题安全生产教育培训 3 个方面。

（1）日常安全生产教育培训

日常安全生产教育培训主要以车间、班组为单位组织开展，重点是安全操作规程的培训、安全生产规章制度的培训、作业岗位安全风险辨识的培训、事故案例教育等。日常安全生产教育培训工作形式多样、内容丰富，根据行业或生产经营单位的特点而各具特色，通常有班前会制度、班后会制度及“安全日活动”制度等。在班前会上，可在布置当天工作任务的同时，开展作业前安全风险分析，制定预控措施，明确工作的监护人等。在班后会上，可对当天作业的安全生产情况进行总结、分析、点评等。“安全日活动”是指每周必须安排半天的时间统一由班组或车间组织安全生产教育培训，生产经营单位的领导、职能部门的领导及专职安全生产管理人员深入班组参加活动。

（2）定期安全考试

定期安全考试是指由生产经营单位定期组织的对安全操作规程、规章制度、事故案例的学习培训。学习培训的方式较为灵活，但考试统一组织。定期安全考试不合格者应离岗接受教育培训，考试合格后方可上岗作业。

（3）专题安全生产教育培训

专题安全生产教育培训是指针对某一具体问题进行专门的教育培训工作。专题安全生产教育培训工作针对性强，效果比较突出，通常开展的内容包括“三新”安全生产教育培训、法律法规及规章制度培训、事故案例教育等。

1）“三新”安全生产教育培训是指企业实施新工艺、新技术、新设备（新材料）时、组织相关岗位从业人员进行有针对性的安全生产教育培训。

2）法律法规及规章制度培训是指国家颁布有关安全生产法律法规，或企业制定新的安全生产规章制度后，组织开展的培训活动。

3）事故案例教育是指在企业发生生产安全事故或获得与本企业生产经营活动相关的事故案例信息后，开展的有针对性的安全生产教育培训活动。

48. 特种作业人员为什么必须持证上岗?

特种作业是指容易发生事故，对操作者本人、他人的安全健康及设备、设施的安全可能造成重大危害的作业。直接从事特种作业的人员称为特种作业人员。特种作业人员在劳动生产过程中担负着特殊任务，所承担的风险较大，一旦发生事故，便会给生产经营单位的生产经营、从业人员的生命安全造成较大损失。因此，特种作业人员必须按照国家有关规定，进行专门的安全技术知识教育和安全操作技术培训，并经严格的考核，考核合格并取得特种作业操作证后，方可上岗工作。这是生产经营单位安全生产教育培训的一项重要制度，是保证安全生产、防止重大伤亡事故发生的重要措施。

特种作业人员的考核包括考试和审核两部分。考试由考核发证机关或其委托的单位负责，审核由考核发证机关负责。特种作业操作资格考试包括安全技术理论考试和实际操作考试两部分。

根据《特种作业人员安全技术培训考核管理规定》，特种作业操作证每 3 年复审 1 次。特种作业人员在特种作业操作证有效期内，连续从事本工种 10 年以上，严格遵守有关安全生产法律法规的，经原考核发证机关或者从业所在地考核发证机关同意，特种作业操作证的复审时间可以延长至每 6 年 1 次。特种作业操作证申请复审或者延期复审前，特种作业人员应当参加必要的安全培训并考试合格，培训时间不少于8学时，主要培训法律、法规、规章、标准、事故案例和有关新工艺、新技术、新装备等知识。

相关知识

根据《特种作业人员安全技术培训考核管理规定》中的特种作业目录，特种作业的范围分为11大类。

（1）电工作业

指对电气设备进行运行、维护、安装、检修、改造、施工、调试等作业（不含电力系统进网作业）。

（2）焊接与热切割作业

指运用焊接或者热切割方法对材料进行加工的作业（不含《特种设备安全监察条例》规定的有关作业）。

（3）高处作业

指专门或经常在坠落高度基准面2米及以上有可能坠落的高处进行的作业。

（4）制冷与空调作业

指对大中型制冷与空调设备运行操作、安装与修理的作业。

（5）煤矿安全作业

包括煤矿井下电气作业、煤矿井下爆破作业等共10类。

（6）金属非金属矿山安全作业

包括金属非金属矿井通风作业、尾矿作业等共8种。

（7）石油天然气安全作业

指石油、天然气开采过程中操作钻机起升钻具的作业，即司钻作业。

（8）冶金（有色）生产安全作业

指冶金、有色企业内从事煤气生产、储存、输送、使用、维护检修的作业，即煤气作业。

（9）危险化学品安全作业

指从事危险化工工艺过程操作及化工自动化控制仪表安装、维修、维护的作业。

（10）烟花爆竹安全作业

指从事烟花爆竹生产、储存中的药物混合、造粒、筛选、装药、筑药、压药、搬运等危险工序的作业。

（11）其他作业

应急管理部认定的其他作业。

五、危险有害因素辨识与安全风险管控

49. 危险有害因素辨识的方法有哪些？

危险有害因素辨识的常用方法包括直观经验分析法和系统安全分析法。

（1）直观经验分析法

直观经验分析法适用于有可供参考先例、以往经验可以借鉴的系统，不能应用于没有先例或经验的新开发系统。直观经验分析法可分为以下两种：

1）对照、经验法。对照、经验法是对照有关法律、法规、标准、检查表或依靠分析人员的观察分析能力，借助经验和判断能力对评价对象的危险有害因素进行分析的方法。

2）类比法。类比法是利用相同或相似工程系统或作业条件的经验和劳动安全卫生的统计资料，来类推、分析评价对象的危险有害因素。

（2）系统安全分析法

系统安全分析法是应用某些安全评价方法辨识危险有害因素，常用于复杂且没有事故经验的新开发系统。常用的系统安全分析法有预先危险性分析、事件树分析、事故树分析、危险与可操作分析、故障类型及影响分析等。

50. 危险有害因素辨识的内容包括哪些？

在对危险有害因素进行辨识时，要全面、有序地进行，防止出现漏项，宜从厂址、总平面布置、道路运输、建（构）筑物、生产工艺、主要设备装置、作业环境、安全管理措施等方面进行。

（1）厂址

从厂址的工程地质、地形地貌、水文气象条件、周围环境、交通运输条件，以及自然灾害、消防支持等方面进行分析识别。

（2）总平面布置

从功能分区、防火和安全间距、风向、建筑物朝向、危险和有害物质设施、动力设施（氧气站、乙炔气站、压缩空气站、锅炉房、液化石油气站等）、道路、储运设施等方面进行分析识别。

（3）道路运输

从运输、装卸、消防、疏散、人流、物流、平面交叉运输和竖向交叉运输等方面进行分析识别。

（4）建（构）筑物

从厂房的生产火灾危险性分类（库房储存物品的火灾危险

性分类）、耐火等级、结构、层数、占地面积、防火间距、安全疏散条件等方面进行分析识别。

（5）生产工艺

1）对设计是否合理进行分析识别，尽可能从根本上消除危险有害因素。

2）当消除危险有害因素有困难时，对是否采取了预防性技术措施进行分析识别。

3）在无法消除危险或危险难以预防的情况下，对是否采取了减少危险有害因素的措施进行分析识别。

4）在无法消除、预防、减弱危险的情况下，对是否将人员与危险有害因素进行隔离等进行分析识别。

5）当操作失误或设备运行达到危险状态时，对是否能通过联锁装置终止危险、危害的发生进行分析识别。

6）在易发生故障和危险性较大的地方，对是否设置了醒目的安全色、安全标志和声光警示装置等进行分析识别。

（6）主要设备装置

对工艺设备，可从高温、低温、高压、腐蚀性、振动、关键部位的备用设备、控制、操作、检修以及故障或失误时的紧急异常情况等方面进行分析识别；对机械设备，可从运动零部件和工件、操作条件、检修作业、误运转和误操作等方面进行分析识别；对电气设备，可从触电、断电、火灾、爆炸、误运转和误操作、静电、雷电等方面进行分析识别。另外，还应注意分析识别高处作业设备、特殊单体设备（如锅炉房、乙炔气站、氧气站）等的危险有害因素。

（7）作业环境

注意分析识别存在各种职业危害因素的作业部位。

（8）安全管理措施

可以从安全管理组织机构、安全管理制度、事故应急救援预案、特种作业人员培训、日常安全管理等方面进行分析识别。

51. 安全风险如何进行分级?

安全风险等级从高到低划分为重大风险、较大风险、一般风险和低风险，分别用红、橙、黄、蓝 4 种颜色标示。

（1）重大风险是指可造成重大人员伤亡或者系统、设备严重损坏的安全风险。

（2）较大风险是指可造成人员死亡、重伤或者主要系统、设备损坏的安全风险。

（3）一般风险是指可造成人员伤害或者系统、设备损坏的安全风险。

（4）低风险是指不会造成人员伤亡和系统、设备损坏的安全风险。

其中，重大风险应填写清单并汇总造册，按照职责范围报告属地负有安全生产监督管理职责的部门。要依据安全风险类别和等级建立生产经营单位安全风险数据库，绘制“红、橙、黄、蓝”四色安全风险空间分布图。

每个生产经营单位都可以结合自身实际绘制安全风险空间分布图，从组织、制度、技术、应急等方面对不同等级的安全风险采取有针对性的管控措施，确保安全风险始终在受控范围内。

52. 安全风险管控的要求有哪些?

依据《中共中央 国务院关于推进安全生产领域改革发展的意见》《国务院安委会办公室关于实施遏制重特大事故工作指南构建双重预防机制的意见》，生产经营单位安全风险管控的要求主要包括以下 4 个方面：

（1）全面开展安全风险辨识

生产经营单位应按照有关制度和规范，针对本单位类型和特点，制定科学的安全风险辨识程序和方法，全面开展安全风险辨识工作。生产经营单位要组织专家和全体从业人员，采取安全绩效奖惩等有效措施，全方位、全过程辨识生产工艺、设备设施、作业环境、人员行为和管理体系等方面存在的安全风险，做到系统、全面、无遗漏，并持续更新完善。

（2）科学评定安全风险等级

生产经营单位要对辨识出的安全风险进行分类梳理，综合考虑起因物、引起事故的诱导性原因、致害物、伤害方式等，确定安全风险类别。对不同类别的安全风险，采用相应的风险评估方法确定安全风险等级。其中，对重大风险，生产经营单位应填写清单并汇总造册，按照职责范围报告属地负有安全生产监督管理职责的部门。要依据安全风险类别和等级建立企业安全风险数据库，绘制企业“红、橙、黄、蓝”四色安全风险空间分布图。

（3）有效管控安全风险

生产经营单位要根据风险评估的结果，针对安全风险特点，从组织、制度、技术、应急等方面对安全风险进行有效管控。要通过隔离危险源、采取技术手段、实施个体防护、设置监控设施等措施，达到回避、降低和监测风险的目的。要对安全风险分级、分层、分类、分专业进行管理，逐一落实本单位、车间、班组和岗位的管控责任，尤其要强化对重大危险源和存在重大风险的生产经营系统、生产区域、岗位的重点管控。生产经营单位要高度关注运营状况和危险源变化后的风险状况，动态评估、调整风险等级和管控措施，确保安全风险始终处于受控范围内。

（4）实施安全风险公告警示

生产经营单位要建立完善安全风险公告制度，并加强风险教育和技能培训，确保管理层和每名从业人员都掌握安全风险的基本情况及防范、应急措施。要在醒目位置和重点区域分别设置安全风险公告栏，制作岗位安全风险告知卡，标明主要安全风险、可能引发事故的隐患类别、事故后果、管控措施、应急措施及报告方式等内容。对存在重大风险的工作场所和岗位，要设置明显的警示标志，并强化危险源监测和预警。

六、安全生产检查与事故隐患排查治理

53. 安全生产检查有哪些类型及内容？

安全生产检查是生产经营单位的一项基本安全生产制度，是生产经营单位安全生产管理的重要内容之一，是消除事故隐患、防止事故发生、改善劳动条件的重要手段。安全生产检查是一项重要的管理活动，旨在确保生产经营单位在生产过程中的安全性和合规性。通过检查，可以发现潜在的安全事故隐患和风险，及时采取措施加以解决，以避免事故的发生。安全生产检查通常由专业人员或安全团队进行，需要制订详细的检查计划和方案，内容包括检查的时间、地点、人员、设备、记录等。在检查过程中，需要遵循相关的法律、法规和标准，确保检查的准确性和公正性。同时，对于发现的问题和隐患，需要及时向相关人员进行反馈和跟进，采取有效的措施进行整改，以确保生产过程的安全性和稳定性。

安全生产检查通常可分为以下 6 种类型：

（1）定期安全生产检查

定期安全生产检查一般通过有计划、有组织的形式实现，由生产经营单位统一组织实施，如月度检查、季度检查、年度检查等。

（2）经常性安全生产检查

经常性安全生产检查是由生产经营单位安全生产管理部门、车间、班组或岗位组织进行的日常检查。一般来讲，经常性安全生产检查包括交接班检查、班中检查、特殊检查等多种形式。

（3）季节性及节假日前后安全生产检查

季节性安全生产检查由生产经营单位统一组织，检查内容和范围根据季节变化而变化，如冬季检查防冻保温、防火、防煤气中毒等，夏季检查防暑降温、防汛、防雷电等。由于节假日（特别是重大节日，如元旦、春节、劳动节、国庆节）前后容易发生事故，因而应在节假日前后进行有针对性的安全生产检查。

（4）专业（项）安全生产检查

专业（项）安全生产检查是对某个专业（项）问题或施工（生产）中存在的普遍性安全问题进行的单项定性或定量检查，如对危险性较大的在用设备设施、作业场所环境条件的管理性或监督性定量检测等。

（5）综合性安全生产检查

综合性安全生产检查一般是由上级主管部门组织对生产经营单位进行的安全生产检查，具有检查内容全面、检查范围广泛等特点。

（6）职工代表不定期安全巡查

生产经营单位的工会应定期或不定期组织职工代表进行安全生产检查，重点检查国家安全生产方针政策、法律法规的贯彻执行情况，全员安全生产责任制和规章制度的落实情况，生产现场的安全状况等。

安全生产检查的具体内容总体包括软件系统和硬件系统的检查。软件系统主要查思想、查意识、查制度、查管理、查事故处理、查隐患、查整改等，硬件系统主要查生产设备、查辅助设施、查安全设施、查作业环境等。安全生产检查对于连续生产的生产经营单位，应该重点检查交接班制度执行情况。检查生产设备时，重点检查所有设备、设施、工具、用具是否完好齐全；防护、保险、信号、仪表、报警等安全装置是否良好有效；所有场地的油、气、水管线及闸门有无跑、冒、滴、漏现象；消防设施、器材、工具是否按要求配备完好。检查安全设施时，需要重点关注安全标志是否按标准进行设置；电气、线路安装是否正确；防爆电器与设备是否按要求使用；防静电装置是否按要求正确安装。检查作业环境时，重点关注生产场地是否平整、清洁，有无危险建筑物及设施；生产的成品、半成品，所用的材料、原料，使用的用具、工具等放置是否符合安全要求。

54. 安全生产检查的方法有哪些?

安全生产检查是对生产过程、设备设施、操作人员等进行定期或不定期的检查和评估，以发现潜在的事故隐患，及时采取措施防范事故发生的一种方法。以下是常见的 3 种安全生产检查的方法：

（1）常规检查法

常规检查法是一种常见的安全生产检查方法，通常由安全生产管理人员作为检查工作的主体，通过感观或借助一定的简单工具、仪表等，对作业人员的行为、作业场所的环境条件、生产设备设施等进行定期检查。安全生产检查人员通过常规检查，可及时发现现场存在的事故隐患并采取措施予以消除，纠正作业人员的不安全行为。

（2）安全检查表法

为使安全检查工作更加规范，减少人的行为对检查结果的影响，常采用安全检查表法。

（3）仪器检查及数据分析法

有些生产经营单位对设备、系统的运行数据进行在线监视和记录，通过运行数据的变化趋势分析得出系统的运行状况。对没有运行数据在线监视和记录功能的设备，系统只能通过仪器检查法来进行定量化的测量。

55. 事故隐患排查治理的要求有哪些？

事故隐患排查治理是生产经营单位安全生产管理的重要环节，也是保障从业人员生命安全健康的重要措施。因此，生产经营单位应该建立完善的事故隐患排查治理制度，明确排查的内容、方式和责任人，并加强监督和检查，确保排查治理工作的有效实施。事故隐患排查治理的要求如下：

（1）生产经营单位应当建立健全事故隐患排查治理制度，逐级建立并落实从主要负责人到每位从业人员的隐患排查治理和监控责任制。

（2）生产经营单位应当定期组织安全生产管理人员、工程技术人员和其他相关人员排查本单位的事故隐患。对排查出的事故隐患应当按照事故隐患的等级进行登记，建立事故隐患信息档案，并按照职责分工实施监控和治理。

（3）生产经营单位应当建立事故隐患报告和举报奖励制度，鼓励从业人员发现和排除事故隐患。对发现和排除事故隐患的有功人员应当给予物质奖励和表彰。

（4）对于一般事故隐患，由生产经营单位主要负责人或者有关人员立即组织整改。对于重大事故隐患，由生产经营单位主要负责人组织制定并实施事故隐患治理方案。

（5）生产经营单位在事故隐患治理过程中，应当采取相应的安全防范措施，防止事故发生。事故隐患排除前或者排除过程中无法保证安全的，应当从危险区域内撤出作业人员，并疏散可能危及的其他人员，设置警示标志，暂时停产停业或者停止使用。对暂时难以停产或者停止使用的相关生产和储存装置、设备设施应当加强维护和保养，防止事故发生。

56. 事故隐患治理的程序是什么？

（1）下发事故隐患治理通知书

按照事故隐患排查和治理制度，对检查出问题和事故隐患的生产经营单位下发事故隐患治理通知书。

（2）制定事故隐患治理方案

对重大事故隐患，要进行调研，由生产经营单位主要负责人组织制定治理方案，做到责任、措施、资金、时限和预案"五落实"。

（3）实施事故隐患治理

负责事故隐患治理的相关部门要本着"四不推"（班组不推给车间、车间不推给分厂、分厂不推给总厂、总厂不推给上级主管部门）原则保质保量地完成事故隐患治理任务，落实治理措施。

（4）事故隐患治理的评估

职能部门要及时复查验收事故隐患治理情况，对事故隐患治理的措施落实情况进行评估。

法律提示

《安全生产事故隐患排查治理暂行规定》第八条规定，生产经营单位是事故隐患排查、治理和防控的责任主体。生产经营单位应当建立健全事故隐患排查治理和建档监控等制度，逐级建立并落实从主要负责人到每个从业人员的隐患排查治理和监控责任制。

第十条规定，生产经营单位应当定期组织安全生产管理人员、工程技术人员和其他相关人员排查本单位的事故隐患。对排查出的事故隐患，应当按照事故隐患的等级进行登记，建立事故隐患信息档案，并按照职责分工实施监控治理。

七、生产现场安全管理

57. 生产现场常见不安全行为有哪些?

不安全行为是指那些可能导致人身伤害或财产损失的行为，这些行为一般是由于缺乏安全意识、疏忽大意、过于自信或故意违反安全规定等原因而发生的。例如，在没有进行安全生产教育培训的情况下操作机器，在生产现场、公共场所随意丢弃烟蒂，在没有正确佩戴安全带的情况下进行高处作业等都是不安全行为。生产现场作业人员具体的不安全行为可以分为以下几类：

（1）违反安全生产规章制度

违反安全生产规章制度是作业人员常见的不安全行为之一。有些作业人员对于安全生产规章制度缺乏认识或者故意违反，如不戴安全帽、不系安全带、不按规定通行等，这些不安全行为不仅容易导致自身受伤，也可能引发其他事故。

（2）忽视个体防护

在生产现场，个体防护是保证作业人员安全的重要措施。然而，一些作业人员常常轻视个体防护的重要性，不戴防护手套、防尘口罩等劳动防护用品，增加了人身伤害的风险。

（3）使用不符合要求的工具或设备

有些作业人员为了省事或者不了解工具和设备使用规范，经常使用不符合要求的工具或设备。这种行为会导致工具损坏、设备故障或者意外伤害的发生。

（4）操作失误

作业人员在工作中由于疏忽大意、分心或者思维不集中等原因，会产生操作失误，如按错开关、操作错误的按钮等，这些操作失误会造成设备故障或者人身伤害。

（5）不合理的行为

一些作业人员因为个人习惯或者不合理的行为，增加了事故发生的风险。例如，在生产现场吃东西、玩手机、打闹等，这些不安全行为会分散注意力，导致意外伤害的发生。

（6）不熟悉工作环境

一些作业人员因为不熟悉工作环境而产生不安全行为。例如，在陌生的工作环境中不了解周围的安全标志、紧急出口等，容易发生迷路、摔倒等意外情况。

（7）疲劳工作

长时间的工作或者连续的加班会导致作业人员疲劳，而疲劳工作（如疲劳驾驶等）容易出现疏忽大意的情况，增加了事故发生概率。

（8）未经安全生产教育培训或缺乏专业知识

一些作业人员因为未经安全生产教育培训或者缺乏必要的

专业知识，而在工作中产生不安全行为。例如，不熟悉急救知识、无法正确使用灭火器等，这些情况可能会影响作业人员的安全和工作效率。

58. 什么是“四不伤害”和“三违”行为?

在安全生产中，坚持“四不伤害”和反“三违”行为都是非常重要的事故防范原则。通过遵守这些原则，可以有效地减少事故的发生，保护作业人员的安全健康。同时，对于生产经营单位来说，也可以提高生产效率和作业人员的工作积极性。

（1）“四不伤害”

“四不伤害”是不伤害自己、不伤害他人、不被他人伤害、保护他人不受伤害的简称。

1）不伤害自己。要增强自我保护意识，不能由于自己的疏忽而使自己受到伤害。应当做到：保持正确的工作态度及良好的生理心理状态，认识到保护自己的责任主要靠自己；掌握所操作设备的危险因素及控制方法，遵守安全规则，使用必要的劳动防护用品，不违规作业；任何活动或设备都可能存在危险性，确认无伤害威胁后才能实施；杜绝侥幸、自大、逞能、想当然心理；积极参加安全生产教育培训，提高识别和处理危险的能力；虚心接受他人对自己不安全行为的纠正。

2）不伤害他人。自己的行为或后果不能给他人造成伤害。在生产现场，任何人的活动都有可能影响他人的安全，要尊重他人生命，不制造事故隐患；对不熟悉的活动、设备、环境，要做到多听、多看、多问，进行必要的沟通协商后再开始作业；尤其是在进行设备的启动、维修、清洁、保养时，要确保他人在免受影响的区域；要把认识到的危险及时告知受影响人员、加以消除或予以标识；对安全规定、标识、指令，要认真理解后执行。

3）不被他人伤害。加强自我防范意识，避免他人的错误操作或其他事故隐患对自己造成伤害。应做到：增强自我防护意识，保持警惕，及时发现并报告危险；将安全知识及经验与同事共享，帮助他人提高事故预防技能；远离已标识的潜在危险，除非得到充足的防护及安全许可；纠正他人可能危害自己的不安全行为，要知道不被事故伤害比“伤害情面”更重要。

4）保护他人不受伤害。作业现场的每个作业人员都是团队中的一员，要担负起关心爱护他人的责任和义务。应做到：任何人在任何地方发现任何事故隐患都要主动告知或提示他人；提示他人遵守各项规章制度和安全操作规程；提出安全建议，互相交流，向他人传递有用的信息；视安全为集体的荣誉，为团队贡献安全知识、经验；关注他人身体、精神状况等异常变化；一旦发生事故，在保护好自己的同时，要主动帮助身边的人摆脱困境。

（2）“三违”

“三违”是违章指挥、违规作业、违反劳动纪律的简称。

1）违章指挥。违章指挥主要是指生产现场的生产经营管理人员违反安全生产方针、政策、法律、法规、条例、规程、制度和有关规定指挥生产的行为。违章指挥行为具体包括：不遵守安全操作规程、规章制度和安全技术措施或擅自变更安全工艺和操作程序；使用未经安全生产教育培训的劳动者或无专门资质认证的人员；指挥作业人员在安全防护设施或设备有缺陷、事故隐患未解决的情况下冒险作业；发现违章不制止等。

2）违规作业。违规作业主要是指作业人员违反作业岗位的安全生产规章制度（如安全生产责任制、安全操作规程、工作交接制度等）的作业行为。违规作业行为具体包括：不正确使用个人劳动防护用品；不遵守工作场所的安全操作规程；不执行安全生产指令等。

3）违反劳动纪律。违反劳动纪律主要是指作业人员违反生产现场的劳动纪律的行为。违反劳动纪律行为具体包括：不履行劳动合同及应承担的安全生产责任；不遵守考勤与休假纪律、生产与工作纪律、奖惩制度及其他纪律等。

59. 什么是安全色和安全标志？

安全色是指一些明亮、醒目的颜色，用于警示和引起人们的注意，常用于交通路线、生产设备设施、紧急出口等地方，以提醒人们注意周围环境并采取相应的安全措施。根据国家标准规定，红、黄、蓝、绿 4 种颜色为安全色。其中，红色表示禁止、停止，蓝色表示指令及必须遵守的规定，黄色表示警告及注意，绿色表示安全、提示。正确使用安全色，可以使人们能够对威胁安全健康的物体和环境尽快地作出反应，迅速发现或分辨安全标志，及时得到提醒，以防止危害事故发生。安全色用途广泛，如用于安全标志牌、交通标志牌、防护栏杆及机器上不准擅动的部位等。

安全标志是由安全色、几何图形和图形符号构成的，用来表达特定安全信息的标记，一般分为禁止标志、警告标志、指令标志、提示标志 4 类。

（1）禁止标志

禁止标志用于表示禁止人们的不安全行为，如禁止吸烟、禁止通行、禁止停车等。这些标志通常是红色圆形，中间有一条斜线。

（2）警告标志

警告标志用于表示提醒人们对周围环境引起注意，以避免可能发生危险，如注意安全、当心火灾、当心爆炸等。这些标志通常是黄色三角形，上面有黑色的图形和文字。

（3）指令标志

指令标志用于表示强制人们必须做出某种动作或采取的防范措施，如必须戴安全帽、必须戴防毒面具、必须系安全带等。这些标志通常是蓝色圆形，上面有白色的图形和文字。

（4）提示标志

提示标志用于表示向人们提供特定提示信息（标明安全分类或防护措施等），如紧急出口、避险处、可动火区等。这些标志通常是绿色矩形，上面有白色的图形和文字。

60. 生产现场安全管理方法有哪些?

生产现场安全管理是指在生产现场对人、机、物、环各方面因素进行全面、系统且有效的管理和控制，以确保生产过程的安全、稳定和高效。生产现场安全管理是生产经营单位业务管理中非常重要的一环，对于保障作业人员生命安全和本单位财产安全具有重要意义。为了更好地落实生产现场安全管理，可以采取以下的方法：

（1）制定安全管理制度

制定一套科学合理的安全管理制度，明确工作人员的安全生产责任并规范操作要求，确保所有人都能按照规范进行工作，避免事故的发生。

（2）进行安全生产教育培训

开展安全生产教育培训，增强作业人员的安全生产意识和技能。安全生产教育培训的内容应该包括安全操作规程、安全设备的使用方法以及事故处理等知识，教育培训形式可以多样化，如讲座、实操演练等。

（3）现场巡查和监督

定期进行生产现场巡查，检查现场是否存在事故隐患，如发现问题应及时整改。同时，在施工现场设置监控设备，监督作业人员的操作情况，减少违规行为的发生。

（4）安全标识和警示标志

在生产现场设置明显的安全标识和警示标志，提醒作业人员关注安全，遵守作业规范。例如，设置禁止吸烟、禁止使用明火等标志，帮助作业人员识别危险区域和禁止行为。

（5）安全设备和劳动防护用品

在生产现场配备适当的安全设备和劳动防护用品，如安全帽、防护眼镜、防护手套等，确保作业人员在作业过程中能够防范人身伤害。

（6）安全风险评估

在生产现场作业前进行安全风险评估，识别潜在的事故隐患，并制定相应的应对措施。安全风险评估包括对场地、设备、工艺流程等方面进行综合考虑，确保作业过程安全可控。

（7）培养安全生产意识

注意培养作业人员的安全生产意识和质量意识，使他们习惯于按照安全操作规程进行作业，增强对自己和他人的安全责任感。

（8）建立应急管理机制

针对不同的突发情况，制定相应的应急预案，指定责任人和应急队伍，确保在发生火灾等紧急事故情况下能及时应对和处理。

（9）进行安全交底会

在生产现场定期召开安全交底会，对安全工作进行回顾和总结，交流工作中的经验和教训，从而不断提升生产现场安全管理水平。

八、劳动防护用品管理

61. 劳动防护用品的种类及作用有哪些?

劳动防护用品是指由用人单位为从业人员配备的，使其在劳动过程中免遭或者减轻事故伤害以及职业病危害的个体防护装备。劳动防护用品供从业人员个人随身使用，是保护从业人员不受事故伤害和职业病危害的最后一道防线。

（1）劳动防护用品的种类

劳动防护用品可以分为如下10类：

1）头部防护用品。主要有一般防护帽、防尘帽、防水帽、防寒帽、安全帽、防静电帽、防高温帽、防电磁辐射帽等。

2）呼吸防护用品。按防护功能主要分为防尘口罩和防毒口罩（面罩），按防护形式又可分为过滤式和隔离式两类。

3）眼面部防护用品。主要有防尘、防水、防冲击、防高温、防电磁辐射、防射线、防危险化学品、防风沙、防强光等眼面部防护用品。

4）听力防护用品。主要有耳塞、耳罩和防噪声头盔等。

5）手部防护用品。主要有一般防护手套、防水手套、防寒手套、防静电手套、防高温手套、防X射线手套、防酸碱手套、防油手套、防振手套、防切割手套、绝缘手套等。

6）足部防护用品。主要有防尘鞋、防水鞋、防寒鞋、防静电鞋、防酸碱鞋、防油鞋、防烫鞋、防滑鞋、防刺穿鞋、电绝缘鞋、防振鞋等。

7）躯干防护用品。主要有一般防护服、防水服、防寒服、防砸背心、防毒服、阻燃服、防静电服、防高温服、防电磁辐射服、耐酸碱服、防油服、水上救生衣、防昆虫服、防风沙服等。

8）护肤用品。主要有防毒、防腐、防射线、防油漆等不同功能的护肤用品。

9）坠落防护用品。主要有安全带、安全绳、安全网等。

10）其他劳动防护用品。

（2）劳动防护用品的作用

劳动防护用品的主要作用为隔离和屏蔽、过滤和吸附。隔离和屏蔽作用是指使用一定的隔离或屏蔽体使机体免受有害因素的侵害。例如，劳动防护用品能很好地隔绝外界的某些刺激，避免皮肤发生皮炎等病态反应。过滤和吸附作用是指借助劳动防护用品中某些聚合物本身的活性基团对毒物的吸附作用来清洁空气。例如，利用活性炭等多孔物质的吸附作用进行呼吸防毒。

总之，劳动防护用品在提供个人防护、工作环境防护和职业病防护方面起着重要的作用，它们能够有效地降低工作中的风险和危险，保护作业人员的安全健康。

62. 劳动防护用品的配备要求及注意事项有哪些？

劳动防护用品是劳动者在生产过程中不可或缺的装备，它们能够有效地保护劳动者免受职业危害和意外伤害。另外，正确使用劳动防护用品是法定的要求。根据国家相关法律法规要求，用人单位必须为劳动者提供符合国家标准的劳动防护用品，并监督劳动者正确使用。如果用人单位未履行相关职责，将会面临行政处罚和承担法律责任。为了更好地发挥劳动防护用品的作用，劳动者应该了解并掌握正确的使用方法，养成良好的使用习惯；用人单位则应该加强对劳动防护用品的配备和管理，确保劳动者的安全健康。

关于劳动防护用品的配备要求如下：

（1）劳动防护用品由用人单位提供，用人单位不得以劳动防护用品替代工程防护设施和其他技术、管理措施。

（2）用人单位应当安排专项经费用于配备劳动防护用品，不得以货币或者其他物品替代。

（3）用人单位应当为劳动者提供符合国家标准或者行业标准的劳动防护用品。如果使用进口的劳动防护用品，其防护性能不得低于我国相关标准。

（4）用人单位使用的被派遣劳动者、临时聘用人员、接纳的实习学生应当纳入本单位人员统一管理，并配备相应的劳动防护用品。对处于作业地点的其他外来人员，必须按照与进行作业的劳动者相同的标准，正确佩戴和使用劳动防护用品。

（5）用人单位应当根据劳动者工作场所中存在的危险和有害因素种类及危害程度、劳动环境条件、劳动防护用品有效使用时间制定适合本单位的劳动防护用品配备标准。

（6）用人单位应当按照发放周期定期发放劳动防护用品，对损坏的劳动防护用品，用人单位应及时更换。

（7）安全帽、呼吸器、绝缘手套等安全性能要求高、易损耗的劳动防护用品，应当按照有效防护功能最低指标和有效使用期，到期强制报废。

应针对防护目的选择符合要求的劳动防护用品，绝不能选错或将就使用，以免发生事故。在使用劳动防护用品前，应对劳动者进行教育培训，在充分了解使用目的和意义的基础上正确使用。对于结构和使用方法较为复杂的劳动防护用品应进行反复训练，能熟练操作。用于紧急救护的呼吸器，要定期严格检验，并妥善存放在可能发生事故的地点附近，以方便取用。在日常工作过程中，要善于维护和保养劳动防护用品，这样不但能延长其使用期限，更重要的是能保证劳动防护用品的防护效果。例如，耳塞、口罩、面罩等用后应用肥皂、清水洗净，并用药液消毒、晾干；要定期更换过滤式呼吸器的滤料，以防失效；防止皮肤受污染的防护服，用后应集中清洗。劳动防护用品应由专人管理，负责维护保养，以保证其充分发挥作用。

63. 如何正确佩戴安全帽及使用安全带？

安全帽和安全带是安全生产的基本装备，对于保障劳动者的人身安全具有至关重要的作用。安全帽主要用来保护劳动者的头部，能够有效防止或减轻因物体撞击或高处坠落导致的头部伤害。通过其硬质外壳和内部的缓冲层设计，安全帽在吸收冲击力、防止锐器穿透方面起着核心防护作用，同时，某些特殊设计的安全帽还具备防电击、防化学物溅射等附加功能。

安全带（或称为安全绳、防坠落装置）则是用来保护在高处作业的劳动者免于坠落，或在意外发生坠落事故时大幅度减少伤害程度。它通过固定点与劳动者的身体连接，可以有效控制坠落过程和减缓冲击力。

安全帽和安全带为劳动者提供了一道必要的安全屏障，是预防事故伤害和保障生产安全的重要措施，它们的正确使用方法如下：

（1）正确佩戴安全帽

1）选择符合国家标准的安全帽，确保安全帽内部无损伤、无裂纹，帽檐、帽壳结构完整。

2）调整帽箍，使安全帽在佩戴时既牢固又舒适。帽箍应紧贴头部上方，以减轻碰撞时的冲击力。

3）安全帽内的缓冲带应调节到合适位置，一方面增加缓冲作用，另一方面确保佩戴稳固。

4）佩戴安全帽时，帽檐应向前，帽带要扣紧，以防安全帽在头部移动或者在工作中因动作大而脱落。

5）定期检查安全帽的完好性，一旦发现有裂纹、损伤或者其他变形应立即更换。

（2）正确使用安全带

1）使用前应检查安全带是否有磨损、老化、损坏等异常情况，扣件和缓冲装置是否完好无损，且使用者不得随意拆掉安全带上的各种部件。

2）确保安全带固定在结实、可靠的固定点上。调整安全带，保证其贴合身体，不宜过松或过紧，以确保在高处作业中即使发生坠落也能有效地束缚身体，从而减轻伤害。

3）安全带的使用高度必须高于工作高度，这样在发生意外坠落时可以最大限度地减少坠落距离和冲击力。

4）使用完毕后，应将安全带放置在干燥、通风、避光的地方保存，避免高温、化学物品的不利影响。

5）安全带的使用年限为 3 ~ 5 年，使用期间应进行周期性检查。

64. 劳动防护用品的存储和维护有哪些注意事项？

劳动防护用品如果得到适当的存储和维护管理，不仅能保持其性能，延长使用寿命，还能够确保在需要时处于最佳状态。正确的储存和维护能够有效预防劳动防护用品的材料老化、变形或功能降低，从而在工作中发挥其应有的防护作用。

（1）储存方面

1）需要确保劳动防护用品存放在干燥、通风良好的环境中，以避免材料性能因潮湿而退化。劳动防护用品也不应直接暴露于阳光下，防止材料因强光照射导致老化加速。

2）应避免将劳动防护用品存放在可能接触油类、酸碱等有害化学物质的地方。不同类型和材质的劳动防护用品应分开存放，避免化学反应或相互污染。

3）要确保储存时不会因为重压或挤压而造成变形，对于需要悬挂的物品，应选择适当的地点，防止磨损。

（2）维护方面

1）定期对劳动防护用品进行检查，这样可以及时发现并修复或更换受损的部件。检查过程中还应关注产品的生产日期和保质期，确保不使用过期的劳动防护用品。

2）对于可清洗的劳动防护用品，应按照生产商的说明进行适当的清洁，不使用可能对材料有害的清洗剂。

3）要合理放置劳动防护用品，常用的劳动防护用品应放置在容易取用的地方，而不常用的可以妥善存放在存储室。

九、工伤保险管理

65. 如何认定工伤？

工伤保险是指职工在工作中或在规定的特殊情况下，遭受意外伤害或患职业病导致暂时或永久丧失劳动能力以及死亡时，职工或其近亲属从国家和社会获得物质帮助的一种社会保险制度。《工伤保险条例》对工伤的认定作出了明确规定。

《工伤保险条例》第十四条规定，职工有下列情形之一的，应当认定为工伤：在工作时间和工作场所内，因工作原因受到事故伤害的；工作时间前后在工作场所内，从事与工作有关的预备性或者收尾性工作受到事故伤害的；在工作时间和工作场所内，因履行工作职责受到暴力等意外伤害的；患职业病的；因工外出期间，由于工作原因受到伤害或者发生事故下落不明的；在上下班途中，受到非本人主要责任的交通事故或者城市轨道交通、客运轮渡、火车事故伤害的；法律、行政法规规定应当认定为工伤的其他情形。

《工伤保险条例》第十五条规定，职工有下列情形之一的，视同工伤：在工作时间和工作岗位，突发疾病死亡或者在 48 小时之内经抢救无效死亡的；在抢险救灾等维护国家利益、公共利益活动中受到伤害的；职工原在军队服役，因战、因公负伤致残，已取得革命伤残军人证，到用人单位后旧伤复发的。

《工伤保险条例》第十六条规定，职工符合本条例第十四条、第十五条的规定，但是有下列情形之一的，不得认定为工伤或者视同工伤：故意犯罪的；醉酒或者吸毒的；自残或者自杀的。

66. 如何申请工伤认定？

《工伤保险条例》第十七条规定，职工发生事故伤害或者按照职业病防治法规定被诊断、鉴定为职业病，所在单位应当自事故伤害发生之日或者被诊断、鉴定为职业病之日起 30 日内，向统筹地区社会保险行政部门提出工伤认定申请。遇有特殊情况，经报社会保险行政部门同意，申请时限可以适当延长。

用人单位未按规定提出工伤认定申请的，工伤职工或者其近亲属、工会组织在事故伤害发生之日或者被诊断、鉴定为职业病之日起 1 年内，可以直接向用人单位所在地统筹地区社会保险行政部门提出工伤认定申请。

《工伤保险条例》第十八条规定，提出工伤认定申请应当提交下列材料：工伤认定申请表；与用人单位存在劳动关系（包括事实劳动关系）的证明材料；医疗诊断证明或者职业病诊断证明书（或者职业病诊断鉴定书）。

工伤认定申请表应当包括事故发生的时间、地点、原因以及职工伤害程度等基本情况。工伤认定申请人提供材料不完整的，社会保险行政部门应当一次性书面告知工伤认定申请人需要补正的全部材料。申请人按照书面告知要求补正材料后，社会保险行政部门应当受理。

《工伤保险条例》第二十条规定，社会保险行政部门应当自受理工伤认定申请之日起 60 日内作出工伤认定的决定，并书面通知申请工伤认定的职工或者其近亲属和该职工所在单位。

社会保险行政部门对受理的事实清楚、权利义务明确的工伤认定申请，应当在 15 日内作出工伤认定的决定。

67. 工伤职工可以享受哪些工伤保险待遇?

根据《工伤保险条例》第五章的相关规定，职工因工作遭受事故伤害或者患职业病进行治疗，享受工伤医疗待遇。职工治疗工伤应当在签订服务协议的医疗机构就医，情况紧急时可以先到就近的医疗机构急救。

治疗工伤所需费用符合工伤保险诊疗项目目录、工伤保险药品目录、工伤保险住院服务标准的，从工伤保险基金支付。职工住院治疗工伤的伙食补助费，以及经医疗机构出具证明，报经办机构同意，工伤职工到统筹地区以外就医所需的交通、食宿费用从工伤保险基金支付，基金支付的具体标准由统筹地区人民政府规定。工伤职工到签订服务协议的医疗机构进行工伤康复的费用，符合规定的，从工伤保险基金支付。

工伤职工因日常生活或者就业需要，经劳动能力鉴定委员会确认，可以安装假肢、矫形器、假眼、假牙和配置轮椅等辅助器具，所需费用按照国家规定的标准从工伤保险基金支付。

职工因工作遭受事故伤害或者患职业病需要暂停工作接受工伤医疗的，在停工留薪期内，原工资福利待遇不变，由所在单位按月支付。停工留薪期一般不超过 12 个月。工伤职工评定伤残等级后，停发原待遇，按照有关规定享受伤残待遇。工伤职工在停工留薪期满后仍需治疗的，继续享受工伤医疗待遇。

生活不能自理的工伤职工在停工留薪期需要护理的，由所在单位负责。工伤职工已经评定伤残等级并经劳动能力鉴定委员会确认需要生活护理的，从工伤保险基金按月支付生活护理费。

第四部分　职业病防治知识

68. 生产中有哪些职业病危害因素?

职业病危害因素也称职业危害因素或职业性有害因素，是指在生产过程中、劳动过程中、作业环境中存在的各种有害的化学、物理、生物因素，以及在作业过程中产生的其他危害劳动者健康、能导致职业病的有害因素。职业病危害因素按照来源可以分为3类。

（1）生产过程中的职业病危害因素

1）化学因素。包括生产性粉尘和化学有毒物质。生产性粉尘有矽尘、煤尘、电焊烟尘等，化学有毒物质有铅、汞、苯、一氧化碳、硫化氢、甲醛等。

2）物理因素。如噪声、振动、辐射、异常气象条件（高温、高湿、低温、高气压）等。

3）生物因素。如附着于皮毛上的炭疽杆菌、甘蔗渣上的真菌、医务工作者可能接触到的生物传染性病原物等。

（2）劳动过程中的职业病危害因素

1）劳动组织和劳动制度不合理。如劳动时间过长、轮班制度不合理等。

2）劳动中精神过度紧张。

3）劳动强度过大或劳动安排不当。如安排的作业与劳动者的生理状况不相适应、超负荷加班加点等。

4）过度疲劳。如光线不足引起的视力疲劳等。

5）长时间处于某种不良体位或使用不合理的工具等。

（3）作业环境中的职业病危害因素

1）自然环境中的因素。如炎热夏季的太阳辐射。

2）作业场所建筑卫生学设计缺陷。如照明不良、通风不足等。

在实际的生产场所中，职业病危害因素往往不是单一存在的，而是多种因素同时对劳动者的健康产生作用，此时危害更大。

69. 职业病有哪些种类?

职业病是指企业、事业单位和个体经济组织的劳动者在职业活动中，因接触粉尘、放射性物质和其他有毒有害因素而引起的疾病。在立法的意义上，职业病具有一定的范围，即由国家主管部门公布的职业病分类和目录所列的职业病，称为法定职业病。

2013 年 12 月，国家卫生计生委、人力资源社会保障部、国家安全监管总局和全国总工会印发了《职业病分类和目录》，将职业病分为 10 大类 132 种，具体如下：

（1）职业性尘肺病及其他呼吸系统疾病。包括矽肺、煤工尘肺、石墨尘肺、过敏性肺炎、哮喘等，共 19 种。

（2）职业性皮肤病。包括接触性皮炎、痤疮、溃疡等，共 9 种。

（3）职业性眼病。包括化学性眼部灼伤、电光性眼炎、白内障（含放射性白内障、三硝基甲苯白内障），共 3 种。

（4）职业性耳鼻喉口腔疾病。包括噪声聋、铬鼻病、牙酸蚀病、爆震聋，共 4 种。

（5）职业性化学中毒。包括氯气中毒、汞及其化合物中毒等，共 60 种。

（6）物理因素所致职业病。包括中暑、手臂振动病等，共 7 种。

（7）职业性放射性疾病。包括外照射性急性放射病、放射性皮肤疾病等，共 11 种。

（8）职业性传染病。包括 5 炭疽、森林脑炎等，共 5 种。

（9）职业性肿瘤。包括石棉所致肺癌、间皮瘤，苯所致白血病等，共 11 种。

（10）其他职业病。包括金属烟热，滑囊炎（限于井下工人），股静脉血栓综合征、股动脉闭塞症或淋巴管闭塞症（限于刮研作业人员），共 3 种。

70. 职业病的发生主要取决于哪些因素？

职业病的发生与劳动者接触的职业病危害因素的种类、性质、浓度或强度有关，还与生产过程和作业环境有关。此外，劳动者的个体差异也是一个重要因素。因此，职业病的发生主要取决于以下 3 个因素。

（1）有害因素本身的性质

有害因素的理化性质和作用部位与职业病的发生密切相关，如毒物的理化性质及其对组织的亲和性与毒性作用有直接关系。

（2）有害因素作用于人体的量

物理有害因素和化学有害因素对人的危害都与量有关，多大的量和浓度才能导致职业病的发生，是确诊的重要参考。《工作场所有害因素职业接触限值》系列国家职业卫生标准规定了某些化学有害因素、物理有害因素在工作场所的限值。

（3）劳动者个体易感性

健康的人体停止接触某些有害因素后，被扰乱的生理功能可以逐步恢复；抵抗能力和身体条件差的人员，其解毒和排毒功能下降，更易受到有害因素损害。例如，经常患有某些疾病的劳动者，在接触有毒物质后，可以使原有疾病加剧，进而发生职业病。

71. 生产性粉尘的危害及其防治措施有哪些？

（1）生产性粉尘及其危害

生产性粉尘是指在生产中形成的、能较长时间飘浮在作业场所空气中的固体颗粒，其粒径多为 0.1 ~ 10 微米。生产性粉尘进入人体后，根据其性质、沉积部位和数量的不同，可引起不同的病变。

1）尘肺。长期吸入一定量的某些粉尘可引起尘肺。

2）中毒。例如，铅、锰、砷化物等粉尘能在支气管和肺泡壁上溶解并被吸收，可引起中毒。

3）局部刺激性。例如，生石灰、漂白粉、水泥等粉尘可使呼吸道黏膜受损。经常接触粉尘还可引起皮肤、耳、眼的疾病。

4）光感应性。如皮肤接触煤焦沥青粉尘后，受到日光照射可引起光毒性皮炎。

5）感染性。如破烂布屑、兽毛、谷粒等粉尘有时附有病原菌致人体感染。

6）致癌性。如铬、镍、砷、石棉及某些光感应性和放射性物质的粉尘可引发癌症。

生产性粉尘引起的职业病中，以尘肺最为严重。尘肺病是危害我国从业人员健康最严重的职业病之一。

（2）综合防尘措施

综合防尘措施可概括为 8 个字，即“革、水、密、风、护、管、教、查”。

1）“革”即工艺改革。以低粉尘、无粉尘物料代替高粉尘物料，以不产尘设备、低产尘设备代替高产尘设备，这是减少或消除粉尘污染的根本措施。

2）“水”即湿式作业。湿式作业可以有效地防止粉尘飞扬。例如，矿山开采的湿式凿岩、铸造业的湿砂造型等。

3）“密”即密闭尘源。使用密闭的生产设备或者将敞口设备改成密闭设备，这是防止和减少粉尘外逸、治理作业场所空气污染的重要措施。

4）“风”即通风除尘。受生产条件限制，设备无法密闭或密闭后仍有粉尘外逸时，要采取通风措施，将产尘点的含尘气体直接抽走，确保作业场所空气中的粉尘浓度符合国家卫生标准限值。

5）“护”即劳动防护。受生产条件限制，在粉尘无法控制或高浓度粉尘条件下作业，必须合理、正确地使用防尘口罩、防尘服等劳动防护用品。

6）“管”即加强管理。用人单位主要负责人、作业场所负责人要重视防尘工作，防尘设施要改善，维护管理要加强，确保防尘除尘设备良好、高效地运行。

7）“教”即宣传教育。加强防尘宣传教育，普及防尘知识，使接触粉尘者对粉尘危害有充分的了解和认识。

8）“查”即检查。主要是指加强职业健康检查，定期对接触粉尘人员进行体检，对从事特殊作业的人员应发放保健津贴，使有作业禁忌证的人员调离接触粉尘的作业岗位等。

知识学习

有些疾病患者不宜从事接尘工作，如活动性结核病、严重的上呼吸道和支气管疾病、显著影响肺功能的肺或胸膜病变、严重的心血管疾病等患者。

72. 生产性毒物的危害及其防治措施有哪些?

（1）生产性毒物的危害

生产性毒物进入人体的途径主要有呼吸道、皮肤和消化道。接触生产性毒物引起的中毒，称为职业中毒。生产性毒物可危害人体的多个系统，表现如下：

1）神经系统。例如，铅及锰中毒可损伤运动神经、感觉神经，引起周围神经炎；震颤常见于锰中毒或急性一氧化碳中毒后遗症，重症中毒时可发生脑水肿。

2）呼吸系统。例如，一次性大量吸入高浓度的有毒气体可引起窒息；长期吸入刺激性气体能引起慢性呼吸道炎症，可出现鼻炎、咽炎、支气管炎等上呼吸道炎症；长期大量吸入刺激性气体可引起严重的呼吸道病变，如化学性肺水肿和肺炎。

3）血液循环系统。铅可引起低色素性贫血；苯及三硝基甲苯等毒物可抑制骨髓的造血功能，表现为白细胞和血小板减少，严重者发展为再生障碍性贫血；一氧化碳可与血液中的血红蛋白结合形成碳氧血红蛋白，使人体组织缺氧。

4）消化系统。例如，汞盐、砷等毒物经口大量进入人体时，可出现腹痛、恶心、呕吐与出血性肠胃炎；铅及铊中毒时，可出现剧烈的持续性腹绞痛，并有口腔溃疡、牙龈肿胀、牙齿松动等症状；长期吸入酸雾，可使牙釉质破坏、脱落；四氯化碳、溴苯、三硝基甲苯等可引起急性或慢性肝病。

5）泌尿系统。例如，汞、铀、砷化氢、乙二醇等可引起中毒性肾病，如急性肾功能衰竭、肾病综合征和肾小管综合征等。

6）其他。生产性毒物还可引起皮肤、眼睛、骨骼病变。例如，许多化学物质可引起接触性皮炎、毛囊炎；接触铬、铍的皮肤易发生溃疡；长期接触焦油、沥青、砷等可引起皮肤黑变病，甚至诱发皮肤癌；酸、碱等腐蚀性化学物质可引起刺激性眼结膜炎或角膜炎，严重者可引起化学性灼伤；溴甲烷、有机汞、甲醇等中毒，可造成视神经萎缩，以致失明，有些工业毒物还可诱发白内障。

（2）生产性毒物危害防治措施

防治生产性毒物危害，可采取如下综合性的措施：

1）消除有毒物质。从生产工艺流程中消除有毒物质，用无毒物质或低毒物质代替有毒物质或高毒物质，改革能产生有毒物质的工艺过程，改造技术设备，实现生产的密闭化、连续化、机械化和自动化，使作业人员脱离或减少直接接触有毒物质的机会。

2）隔离污染源。密闭、隔离有毒物质污染源，控制有毒物质逸散。对逸散到作业场所的有毒物质，要采取通风措施，控制有毒物质飞扬、扩散。

3）加强监测。加强对有毒物质的监测，控制有毒物质的浓度，使其低于国家有关标准规定的最高容许浓度。

4）宣传教育。加强对有毒物质及其危害防治措施的宣传教育，建立健全安全生产责任制、卫生责任制和岗位责任制。

5）加强个体防护。在存在有毒物质的作业场所作业，应使用防护服、防护面具、防毒面罩等劳动防护用品。

6）提高机体免疫力。作业人员应因地制宜地开展体育锻炼，注意休息，加强营养，做好季节性多发病的预防。

7）健康检查。接触有毒物质的作业人员要定期进行健康检查，必要时实行转岗、换岗作业。

73. 常见职业中毒的典型症状是什么？

（1）铅中毒

铅是常见的工业毒物。职业性铅中毒主要为慢性中毒，患者早期常感乏力、口内有金属味、肌肉和关节酸痛等，随后可出现神经衰弱综合征、无食欲、腹部隐痛、便秘等。病情加重时，出现四肢远端麻木，触觉、痛觉减退等神经炎表现，握力减退。少数患者在牙龈边缘有蓝色“铅线”，重者可出现肌肉活动障碍。腹绞痛是铅中毒的典型症状，多发生于脐周部，也可发生在上腹部或下腹部，每次发作可持续几分钟到几十分钟。另外可出现中度贫血，有时伴发高血压病。

（2）汞（水银）中毒

慢性汞中毒是职业性汞中毒中最常见的类型，在汞污染较重的作业环境中逐渐发病，患者初期常表现为神经衰弱综合征，如头晕、头痛、乏力、睡眠障碍、记忆力减退、脱发等。随病情进展，可出现典型的“汞兴奋症”，患者出现情绪不稳、急躁、易兴奋、激动、恐惧、胆怯、害羞、好哭、注意力不集中等症状，个别患者有焦虑不安、抑郁、幻觉、孤僻等表现，检查可见“汞性震颤”，严重者写字、吃饭、系纽扣等动作都会发生困难。

（3）一氧化碳中毒

一氧化碳急性中毒的典型症状有头痛、头晕、四肢无力、恶心、呕吐甚至昏迷，还可出现脑水肿、心肌损害、肺水肿等并发症。

（4）硫化氢中毒

硫化氢急性中毒的典型症状有明显的头痛、头晕，出现意识障碍；有明显的黏膜刺激症状，出现咳嗽、胸闷、视物模糊、眼结膜水肿及角膜溃疡等。重症患者可出现昏迷、肺水肿、呼吸系统功能衰竭或“电击样”死亡。

（5）苯中毒

急性苯中毒主要表现为中枢神经系统障碍症状，轻者起初有黏膜刺激症状，随后出现兴奋或醉酒状态，并伴有头晕、恶心、呕吐等。重者可出现阵发性或强制性抽搐、脉搏弱、呼吸浅表、血压下降、昏迷等，甚至发生呼吸衰竭而死亡。

慢性苯中毒常表现为神经衰弱综合征，主要症状为头痛、头晕、记忆力减退、失眠等，有的患者出现自主神经功能紊乱现象如心动过速或过缓，个别晚期病例有四肢末端麻木和痛觉减退的现象。

知识学习

职业中毒的诊断较为复杂，患者就医时应向医生充分说明职业史（如车间环境、工种、工龄及作业场所可能接触的职业病危害因素等），这对医生作出准确的诊断非常重要。

74. 生产性噪声的危害及其防治措施有哪些?

（1）生产性噪声的危害

在生产过程中，机器转动、气体排放、工件撞击与摩擦等所产生的噪声，称为生产性噪声或工业噪声。噪声对人体的影响是全身性、多方面的：噪声会妨碍正常的工作和休息；在噪声环境中工作，人容易感觉疲乏、烦躁，以及注意力不集中、反应迟钝、行动准确性降低等；噪声可直接影响作业能力和效率；由于噪声掩盖了作业场所的危险信号或警报，使人不易察觉，可导致工伤事故的发生。长期接触强烈噪声会造成人体以下伤害：

1）危害听觉系统。噪声主要造成听觉系统的损害。强噪声可导致永久性听力下降，引起噪声聋；极强噪声可导致听觉器官发生急性外伤，即爆震性耳聋。

2）危害神经系统。长期接触噪声可导致大脑皮层兴奋和抑制功能的平衡失调，出现头痛、头晕、心悸、耳鸣、疲劳、睡眠障碍、记忆力减退、情绪不稳定、易怒等症状。

3）危害其他系统。长期接触噪声可引起其他系统的应激反应，如可导致心血管系统疾病加重、引起肠胃功能紊乱等。

（2）生产性噪声危害防治措施

采取一定的措施可以降低生产性噪声的强度和减少噪声的危害，常见防治措施如下：

1）减少噪声的产生。采取技术措施控制噪声的产生，这是防治噪声危害的根本措施，应根据具体情况采取不同的解决方式。例如，采用无噪声或低噪声设备代替高噪声设备，如用液压代替高噪声的锻压；对于生产中必须存在的噪声源，如风机、电动机等，应移至车间外或采取隔离措施。

2）控制噪声的传播。可采取消声、吸声和隔声等措施。消声器是能阻止声音传播而允许气流通过的装置，是防止空气动力性噪声的主要措施。采用吸声材料装饰在车间的内表面或悬挂在车间内，能吸收辐射和反射能量，使噪声强度减弱。在某些情况下，可以利用一定的材料和装置，把声源封闭，使其与周围环境隔绝起来，如隔声罩、隔声间等。

3）加强个体防护。使用劳动防护用品如防噪声耳塞、耳罩等具有一定的防噪声效果。根据耳道大小选择合适的耳塞，可有效隔声，对高频噪声的阻隔效果更好。制定合理的作业时间，作业中穿插休息时间，休息时离开噪声环境，限制接触噪声作业时间，可减轻噪声对人体的危害。

4）卫生保健措施。接触噪声的作业人员应定期进行体检，以听力检查为重点。对于已出现听力下降者，应加以治疗和加强观察，重者应调离噪声作业岗位。有明显的听觉器官疾病、心血管疾病、神经系统器质性疾病者，不得从事接触强烈噪声的工作。

相关链接

《工作场所有害因素职业接触限值 第2部分：物理因素》(GBZ 2.2—2007) 规定，每周工作5天，每天工作8小时，工作场所稳态噪声限值为85分贝，非稳态噪声等效声级的限值为85分贝；每周工作5天，每天工作时间不为8小时，需计算8小时等效声级，噪声限值为85分贝；每周工作不为5天，需计算40小时等效声级，噪声限值为85分贝。

75. 生产性振动的危害及其防治措施有哪些?

(1) 生产性振动的危害

振动不仅可以引起机械效应，还可以引起人的生理和心理效应。人体接受振动后，振动波在组织内传导，由于各组织的结构不同，传导的程度也不同，其大小顺序依次为骨、结缔组织、软骨、肌肉、腺组织和脑组织。40赫兹以上的振动波易被组织吸收，不易向远处传导，而低频振动波可在人体内广泛传导。生产性全身振动和局部振动对人体的危害及其临床表现有明显不同，具体如下：

1) 全身振动对人体的不良影响。接触强烈的全身振动可导致内脏器官的损伤或位移，造成周围神经和血管功能的改变；女工可发生子宫下垂，导致自然流产及异常分娩率增加。振动加速度还可使人出现前庭功能障碍，导致内耳调节平衡功能失调，出现脸色苍白、恶心、呕吐、出冷汗、头疼头晕、呼吸浅表、心率和血压降低等症状。晕车晕船即属全身振动性疾病。此外，全身振动还可造成腰椎等运动系统损伤。

2）局部振动对人体的不良影响。局部接触强烈振动主要是以手接触振动工具的方式为主的，由于工作状态的不同，振动可传给一侧或双侧手臂，有时可传到肩部。长期持续使用振动工具能引起末梢循环、神经和骨关节肌肉运动系统功能障碍，严重时可患局部振动病（手臂振动病）。

①神经系统。以上肢末梢神经的感觉和运动功能障碍为主，患者皮肤感觉、痛觉、触觉、温度调节功能下降，血压及心律不稳，脑电图有改变。

②心血管系统。可引起周围毛细血管形态及张力改变，上肢大血管紧张度升高，心动过缓，心电图改变。

③肌肉系统。可引起握力下降，肌肉萎缩、疼痛等。

④骨组织。可引起骨和关节改变，出现骨质增生、骨质疏松等。

⑤听觉器官。可引起低频段听力下降，如与噪声结合，则可加重对听觉器官的损害。

⑥其他。可引起无食欲、胃痛、性功能低下、孕妇流产等。

（2）生产性振动危害防治措施

在生产过程中，由机器转动、撞击或车船行驶等产生的振动为生产性振动，产生生产性振动的振动源有风动工具、电动工具、运输工具、农业机械等。生产性振动危害防治措施主要如下：

1）减少振动。消除或减少振动源的振动，这是控制振动危害的根本性措施。通过工艺改革尽量消除或减少产生振动的工艺过程，如用焊接代替铆接，用水力清砂代替风铲清砂等；采用减振装置，设计自动或半自动式操纵装置，减少手臂直接接触振动源。

2）限制作业时间。在消除或减少振动措施效果不理想的情况下，制定合理的作息制度并限制作业时间是防止或减轻振动危害的重要措施。

3）加强个体防护。合理使用劳动防护用品也是防止或减轻振动危害的一项重要措施，如戴减振保暖的手套。

4）采取医疗保健措施。例如，进行上岗前健康检查，筛选出职业禁忌证；定期体检，争取早期发现手臂振动病并及时治疗。

5）加强卫生健康教育卫生培训。对新入职的从业人员进行职业卫生技术教育培训，尽量减少作业中振动造成的伤害。

知识学习

局部振动病（手臂振动病）是长期使用振动工具而引起的以末梢循环障碍为主的疾病，也可累及肢体神经及运动功能，患者发病部位多在上肢末端，其典型表现为发作性白指。局部振动病患者的主诉多为手部症状和神经衰弱综合征。手部的症状是麻、痛、胀、凉、汗、僵、颤，多汗一般在手掌，麻、痛多在夜间发作而影响睡眠；神经衰弱综合征多表现为头痛、头晕、失眠、乏力、心悸、记忆力减退及记忆力不集中等，临床检查有手部痛觉、振动觉减退，前臂感觉和运动神经传导速度减慢。局部振动病具有诊断意义的是振动性白指，表现为以寒冷为诱因的间歇性手指发白或发绀，严重者还会出现骨骼、肌肉和关节的改变。

76. 电磁辐射的危害及其防护措施有哪些？

（1）电磁辐射的危害

电磁辐射包括非电离辐射和电离辐射。非电离辐射分为射频辐射、红外线辐射、紫外线辐射、激光等，电离辐射包括 X 射线及 γ 射线等。

1）射频辐射。射频辐射包括高频电磁场、超高频电磁场和微波等。射频辐射不会导致人体组织器官的器质性损伤，主要引起其功能性改变，并具有可逆性特征，在停止接触数周或数月后往往可恢复。

2）红外线辐射。红外线辐射影响人体的组织器官主要是皮肤和眼睛。

3）紫外线辐射。强烈的紫外线辐射可引起皮炎，表现为弥漫性红斑，有时可出现小水疱和水肿，并有发痒、烧灼感。在作业场所比较多见的是紫外线辐射对眼睛的损伤，即由电弧光照射所引起的职业病——电光性眼炎。

4）激光。激光对人体的危害是由它的热效应和光化学效应造成的，能烧伤皮肤。

5）X 射线及 γ 射线等。在一些特殊的工作场所，从业人员有可能接触放射性物质（放射源）。放射源发出的放射线，可作用于人体的细胞、组织和体液，直接破坏机体结构或使人体内分泌系统调节发生障碍。当人体受到超过一定剂量的放射线照射时，便可产生一系列的病变（放射病），严重的可造成死亡。

（2）电磁辐射危害防护措施

在有放射源的作业场所中，应采取严格的防护措施，具体如下：

1）严格遵守并执行放射源使用和保管的安全操作规程与制度。

2）严格控制辐射剂量。作业时随时检查辐射剂量，建立个人接受辐射剂量卡，应严格保证在容许的辐射剂量下作业。

3）缩短受照射时间，作业时可实行轮换操作制度。

4）尽量增大与放射源的操作距离，因为距离越远，受辐射危害越小，如使用机械手远距离操作等。

5）采用屏蔽材料（如混凝土、铅）遮挡放射源发出的射线。

6）操作中严格遵守个人卫生防护措施要求，穿工作服、戴

工作帽，防止放射性物质污染皮肤或经口进入体内。

7）加强宣传教育。学习辐射危害的卫生知识和防护措施，非相关操作人员不要盲目进入有放射源警示标志的作业场所。

8）定期体检。对接触放射源的作业人员实行就业前健康检查和定期健康检查制度。

知识学习

放射源发出的射线，人们是看不见、闻不到、摸不着的，可能在无形中就对人体造成伤害。因此，在进入作业场所前，要了解现场是否有放射源。作业人员应熟知放射源的标签、标志、包装，严格遵守操作规程。

77. 高温作业的危害及其预防措施有哪些？

（1）高温作业的危害

高温环境中的热强度超过一定限度时，可对人体产生多方面的不利影响，主要如下：

1）影响人体热平衡功能。在高温环境下作业可导致体温上升。当体温上升到 38 摄氏度以上时，一部分人即可表现出头痛、头晕、心慌等症状，严重者可能导致中暑。

2）影响水盐代谢功能。高温作业人员由于排汗增多而丧失大量水分、盐分，若不能及时补充，可出现工作效率低、乏力、口渴、脉搏加快、体温升高等症状。

3）影响循环系统功能。在高温环境下作业，皮肤血管扩张，血管紧张度降低，可使血压下降。但在高温与重体力劳动相结合的情况下，血压中的收缩压也可表现为增高，但舒张压一般不增高，甚至略有降低，脉搏加快，心脏负担加重。

4）影响消化系统功能。在高温环境下作业，易引起消化道液、胃液分泌减少，因而导致食欲减退。高温作业人员消化道疾病患病率往往高于一般作业人员，而且工龄越长，患病率越高。

5）影响泌尿系统功能。长期在高温环境下作业，若水分、盐分供应不足，可使尿浓缩，增加肾脏负担，有时可能导致肾功能不全。

6）影响神经系统功能。在高温、热辐射环境下作业，可出现中枢神经系统抑制，使注意力、肌肉工作能力、动作的准确性和协调性变差，易发生人员伤亡事故。

（2）高温作业危害的预防措施

在高温环境下作业时，需要采取一系列危害预防措施以确保作业人员的安全和健康。

1）宣传教育。做好防暑降温的组织保障工作，加强宣传教育，使高温作业人员了解高温作业所致疾病的症状、急救措施和预防措施。

2）改革工艺和设备。改进工艺和设备，制定并认真落实隔热与通风的技术措施。

3）保证休息。高温下作业应尽量缩短工作时间，可采取小换班、增加工作休息次数、延长午休时间等方法保证休息。休息地点应远离热源，并备有清凉饮料、风扇、洗澡设备等。有条件的可在休息室安装空调或采取其他防暑降温措施。

4）补充水分、盐分。高温作业人员应适当饮用符合卫生要求的含盐饮料，以补充人体所需的水分和盐分。同时，增加蛋白质、高热量食物、维生素等的摄入，以减轻疲劳，提高工作效率。

5）个体防护。高温作业的工作服应结实、耐热、宽大、便于操作，应按不同作业需要佩戴工作帽、防护眼镜、隔热面罩及穿隔热靴等。

6）健康体检。高温作业人员应进行就业前体检，凡有心血管系统疾病、高血压病、溃疡病、肺气肿病、肝病、肾病等疾病的人员不宜从事高温作业。

第五部分　安全生产技术知识

78. 常见的机械伤害有哪些?

（1）机械设备的零部件做旋转运动时造成的伤害。例如，机械设备中的齿轮、皮带轮等旋转部件造成的人体绞伤和物体打击伤。

（2）机械设备的零部件做直线运动时造成的伤害。例如，锻锤冲床的施压部件、牛头刨床的床头、桥式吊车的大小车和升降机构等造成的压伤、砸伤、挤伤。

（3）刀具造成的伤害。例如，车床上的车刀、铣床上的铣刀、磨床上的磨轮等造成的刺伤和割伤。

（4）被加工零件造成的伤害。例如，被加工零件固定不牢甩出打伤人，被加工零件在吊运和装卸过程中砸伤人。

（5）电气系统造成的伤害。目前机械设备的动力绝大多数来自电能，因此其电气系统如电动机、配电箱、开关、按钮等，均可能造成电击伤害。

（6）手动工具造成的伤害。

（7）其他伤害。例如，使用机械设备时发出的强光、高温造成的伤害，机械设备放出的化学能、辐射能、尘毒等造成的伤害。

79. 常见的电气事故有哪几种?

按照电能的形态，电气事故可分为触电事故、电气火灾爆炸事故、雷击事故、静电事故、电磁辐射事故和电路事故等。

（1）触电事故

触电事故是指由电能及其转换成其他形式的能量造成的事故，可分为电击和电伤。

1）电击。电击是指电流通过人体，刺激机体组织，使肌肉非自主地发生痉挛性收缩而造成的伤害，严重时会破坏人的心脏、肺脏、神经系统的正常功能，形成危及生命的伤害。通常所说的触电指的就是电击，可分为直接接触电击和间接接触电击。前者是触及正常状态下带电体时发生的电击，也称为正常状态下的电击；后者是触及正常状态下不带电，而在故障状态下意外带电的物体时发生的电击，也称为故障状态下的电击。

2）电伤。电伤是指因电流的热效应、化学效应、机械效应等对人体造成的伤害。电伤分为电烧伤、电烙印、皮肤金属化、电气机械性损伤、电光性眼炎等，电烧伤是其中最常见的一种，分为电弧烧伤和电流灼伤。电弧烧伤是由弧光放电造成的烧伤，是最危险的一种电伤。

（2）电气火灾爆炸事故

电气火灾爆炸事故是指由电气点火源（电火花、电弧、电气装置危险温度）引发的火灾爆炸事故。

（3）雷击事故

雷电是指大气中的一种放电现象。雷电具有电流大、电压高的特点，其能量释放出来可形成极大的破坏力。

（4）静电事故

静电事故是指在工艺过程或人们活动中产生的相对静止的正电荷和负电荷形式的能量造成的事故。

（5）电磁辐射事故

电磁辐射事故是指以电磁波形式的能量辐射造成的事故。辐射电磁波是指频率在 100 千赫兹以上的高频电磁波。在一定强度的辐射电磁波照射下，人体所受到的伤害主要表现为头晕、记忆力减退、失眠等神经衰弱症，严重者除神经衰弱症加重外，还伴有心血管系统病症。电磁波辐射对人体的伤害有滞后性，并可能通过遗传影响到后代。

（6）电路事故

电路事故是由电能传递、分配、转换失去控制或电气元件损坏等电气线路故障发展所造成的事故。断路、短路、接地漏电、突然停电、误合闸送电、电气设备损坏等都属于电路故障，电路故障得不到控制即可发展成为电路事故。

80. 静电的危害及其防治措施有哪些?

（1）静电的危害

在生产工艺过程和作业人员操作过程中，某些材料的相对运动、接触与分离等，会形成静电。静电不会直接危及人的生命，但因其电压可能高达数万乃至数十万伏，所以可能在现场发生放电产生静电火花造成危害。静电的危害主要有以下三方面：

1）在有火灾爆炸危险的场所，静电火花会成为可燃物的点火源，造成爆炸和火灾事故。

2）人体因受到静电电击的刺激，可能引发二次事故，如坠落、跌伤等。此外，对静电电击的恐惧心理还会对工作效率产生不利影响。

3）在某些生产过程中，静电会妨碍生产，导致产品质量不良，电子设备损坏，造成生产系统故障，乃至停工。

（2）静电危害防治措施

1）环境危险性的控制。为了防止静电的危害，可采取取代易燃介质、降低爆炸性混合物的浓度、减少氧化剂含量等措施，控制所在环境火灾爆炸危险性。

2）工艺控制。工艺控制是指从工艺上采取适当的措施，限制和避免静电的产生和积累。

3）接地和屏蔽。

4）增湿。随着湿度的增加，绝缘体表面上形成薄薄的水膜，使绝缘体的表面电阻大大降低，能加速静电的泄漏。

5）使用抗静电添加剂。抗静电添加剂是化学药剂，具有良好的导电性或较强的吸湿性。

6）使用静电中和器。静电中和器又称静电消除器，是能产生电子和离子的装置。由于产生了电子和离子，物料上的静电电荷得到相反极性电荷的中和，从而能消除静电的危害。

81. 作业场所用电的注意事项有哪些？

（1）未经电工特种作业培训考核合格并取得操作证的人员，不得从事电工作业。

（2）车间内的电气设备不得随意乱动。如果电气设备出现故障，应请电工修理，不得私自修理，更不能带故障运行。

（3）当电气设备或电路系统中熔丝熔断后，禁止用铜丝和铁丝代替熔丝使用。

（4）电工进行作业前必须验电。任何电气设备在未验明无电之前，应一律认为有电，不要盲目触及。对“禁止合闸”“有人操作”等标牌，无关人员不得移动。

（5）电气设备应有保护性接地、接零装置，并进行检查，以保证连接的牢固性。

（6）需要移动某些非固定安装的电气设备，如照明灯、电焊机等时，必须先切断电源再移动，同时要防止导线被拉断。

（7）作业人员经常接触和使用的配电箱、配电板、闸刀开关、按钮开关、插座、插头以及导线等必须保持安全完好，不得有破损或使带电部分裸露。

（8）在雷雨天切勿走近高压电线杆、铁塔、避雷针等处，应至少远离其 20 米，以免发生跨步电压触电。

（9）发生电气火灾时，应立即切断电源，用黄沙、干粉灭火器或二氧化碳灭火器灭火，切不可用水或泡沫灭火器灭火。

82. 引起火灾的因素和灭火的基本方法有哪些？

（1）引起火灾的因素

燃烧的必要条件是同时具备可燃物、助燃物、点火源三要素。在消防工作中，如果能够消除任何一个要素，就可以预防火灾的产生。

点火源是引起火灾的重要条件。为了预防火灾，要对点火源进行严格管理。在生产中，引起火灾的常见点火源有以下 8 种：

1）明火。如火炉、火柴、烟道喷出的火星、气焊和电焊火焰等。

2）高热物及高温表面。如加热装置、高温物料的输送管、冶炼厂或铸造厂里熔化的金属等。

3）电火花。如高电压的放电火花、开闭闸刀开关时的电弧放电火花等。

4）静电火花。如液体流动引起的静电、衣物的静电等产生的火花。

5）摩擦与撞击火花。如机器上轴承转动的摩擦、磨床和砂轮的摩擦、铁器工具相撞等产生的火花。

6）物质自行发热。如油纸、油布、煤堆积发热，金属钠接触水发生反应放热等。

7）绝热压缩。例如，硝化甘油液滴中含有气泡时，气泡内空气被落锤冲击受到绝热压缩，瞬时升温，可使硝化甘油液滴被加热至着火点而爆炸。

8）化学反应热及光线和射线的热能等。

（2）灭火的基本方法

针对燃烧必备的三要素，可采用冷却、窒息、隔离、抑制的方法进行快速有效的灭火。

1）冷却法。例如，用水和固态二氧化碳直接喷射燃烧物，降低燃烧物的温度，以及往火源附近未燃烧物上喷洒灭火剂，防止形成新的火点。

2）窒息法。例如，用不燃或难燃的石棉被、湿麻袋、湿棉被等捂盖燃烧物，用沙土埋没燃烧物，减少燃烧区域的氧气量，使火焰熄灭。

3）隔离法。使燃烧物和未燃烧物隔离，限制燃烧范围。例如，将火源附近的可燃、易燃、易爆和助燃物搬走；关闭可燃气体、液体管道的阀门，减少和阻止可燃物进入燃烧区内；堵截流散的燃烧液体。

4）化学抑制法。例如，往燃烧物上喷射干粉等灭火剂，可中断燃烧的链锁反应，达到灭火的目的。

83. 防火防爆应注意哪些事项？

（1）开展防火教育，使职工群众提高消防安全意识；掌握一定的防火防爆知识，并严格贯彻执行防火防爆规章制度；杜绝违规作业。

（2）应在指定的安全地点吸烟，严禁在工作现场和厂区内吸烟。

（3）使用、运输、储存易燃易爆气体、液体等物质时，一定要严格遵守安全操作规程。

（4）在工作现场禁止随便动用明火。确需使用时，必须报请主管部门批准，并做好安全防范工作。

（5）对于使用的电气设施，如发现绝缘破损、线路老化、超负荷运转以及不符合防火防爆要求时，应停止使用，并报告管理人员加以解决，不得带故障运行。

（6）应学会使用常见的灭火工具和消防器材，对于车间内配备的防火防爆工具、器材等应该爱护，不得随便挪用。

知识学习

消防器材维护与保养的注意事项如下：

（1）消防器材应有专人负责管理和保养。

（2）消防器材要专物专用，不能用作与消防无关的事物。

（3）要定期检查消防器材，检查其存放地点是否适当，机件是否损坏或出现故障，灭火剂是否过期等。消防器材使用后，要立即保养、补充。对机动消防车，要经常发动、定期试车，保持其性能良好。

（4）消防器材应设置在明显的地方，设立标志，便于取用。消防器材的附近不能堆放杂物，保持道路畅通。

84. 动火作业有哪些安全要求？

（1）前期准备

1）确定动火区域。在进行动火作业前，必须明确动火的区域，确保周围没有易燃物品，并采取必要的标识和隔离措施。

2）清理作业区域。将作业区域内可能存在的易燃物、杂物、有害化学品等物品全部清理干净，以便在作业时杜绝火灾爆炸等意外事故。

3）检查防火设施。在动火作业前，必须检查防火设施的有效性，如喷淋系统、灭火器等，以确保在意外事故发生时能及时进行处理。

4）做好通风工作。在进行动火作业时，必须保证作业区域内的通风状况良好。如有必要，可采用机械通风设备，以防止危险气体积聚。

（2）作业过程

1）采取防火措施，清除周围可燃物。动火点或高处作业动火处的下方附近如有窨井、地沟、水封等应进行检查，并根据现场的具体情况采取相应的防火防爆措施，确保安全。

2）使用合适的工具和设备。在进行动火作业时，必须使用经过检验合格的工具和设备。同时，要根据作业环境合理选择焊接电流、电压等参数。

3）正确使用防护装备。在进行动火作业时，应戴上防护面罩、安全帽、防护镜、防护手套等防护装备，以防止火花溅射、灰尘、有害气体和辐射等对人身安全的影响。

（3）作业后处理

1）检查质量。在动火作业后，必须进行质量检查，确保工作质量符合规定要求。

2）清理现场。在动火作业后，必须对施工现场进行清理工作，将残留物清理干净，以减少安全风险。

3）关闭设备。在动火作业后，必须关闭所有相关设备，断开所有火源，确保施工现场的安全。

综上所述，动火作业是一项高危作业，施工人员必须严格遵守安全要求。同时，施工单位也必须加强安全教育，提高施工人员的安全意识，共同维护施工现场的安全。

85. 如何对压力容器进行安全操作和维护保养？

（1）压力容器的安全操作

1）基本要求。压力容器安全运行的基本要求是平稳操作和防止过载。平稳操作是指加载和卸载应缓慢，并保持运行期间载荷的相对稳定；防止过载是指防止压力容器在运行过程中压力过载，避免超压。

2）压力容器运行期间的检查。对运行中的压力容器应定期检查，包括工艺条件、设备状况以及安全装置等方面的检查。

3）压力容器的紧急停止运行。压力容器在运行过程中出现以下情况时，应立即停止运行：压力容器的操作压力或壁温超过安全操作规程规定的极限值，而且采取措施后仍无法控制，并有继续恶化的趋势；压力容器的承压部件出现裂纹、鼓包或变形，焊缝或可拆连接处出现泄漏等；压力容器装置全部失效，连接管件断裂，紧固件损坏等，难以保证安全操作；操作岗位发生火灾，威胁压力容器的安全；高压容器的信号孔或警报孔出现泄漏问题。

（2）压力容器的维护保养

做好维护保养工作可以使压力容器保持完好状态，提高工作效率，延长使用寿命。压力容器的维护保养主要内容包括：保持完好的防腐层；消除产生腐蚀的因素；防止压力容器的“跑、冒、滴、漏”问题；加强压力容器在停用期间的维护。

86. 设备内作业有哪些安全要求?

（1）设备内作业必须办理密闭空间作业许可证，并严格履行审批手续。

（2）进入设备内作业前，必须将该设备与其他设备进行安全隔离，并清洗、置换干净。

（3）在进入设备前 30 分钟必须对设备内空气取样分析，分析合格后才允许进入设备内作业。如在设备内作业时间长，至少每 2 小时分析一次。

（4）采取适当的通风措施，确保设备内空气流通良好。

（5）设备内应有足够的照明，照明电压应不大于 36 伏。在潮湿或狭小容器内作业，照明电压应小于或等于 12 伏。所用灯具及电动工具必须符合防潮、防爆等安全要求。

（6）在进入存在腐蚀、窒息、易燃、易爆、有毒等性质物质的设备内作业时，必须按规定佩戴和携带适用的劳动防护用品、器具。

（7）在设备内动火，必须按规定办理动火作业许可证并履行规定的手续。

（8）设备外必须设专门监护人员，并与设备内作业人员保持有效的联系。

（9）在作业条件发生变化，并有可能危及作业人员安全时，必须立即撤出；若需继续作业，必须重新办理进入设备内作业的审批手续。

（10）作业完毕，应经作业人员、监护人员与使用部门负责人共同检查设备内部，确认设备内无人员、工具和杂物后，方可封闭设备孔。

87. 如何预防瓦斯和煤尘爆炸事故？

（1）要爱护监测、监控设备。不能擅自调高瓦斯监测探头的报警值，不能破坏瓦斯监测探头或用泥巴、煤粉及其他物品封堵瓦斯监测探头。

（2）要自觉爱护井下通风设施。通过风门时，要立即随手关好，不能将两道风门同时打开，以免造成风流短路。发现通风设施破损、工作不正常或风量不足时，要及时报告，由专业人员修复。

（3）局部通风机应由专人负责管理，其他人不可随意停或开。

（4）当采区回风巷、采掘工作面回风巷风流中的瓦斯浓度超过 1.0%（体积分数）或二氧化碳浓度超过 1.5%（体积分数）时，必须停止作业、撤出人员，并采取措施进行处理。当采掘工作面及其他作业地点或电动机及其开关装设地点附近 20 米以内风流中的瓦斯浓度达到 1.5%（体积分数）时，必须停止作业、切断电源、撤出人员，并采取措施进行处理。

（5）井下不能随意拆开、敲打、撞击矿灯，不准带电检修、搬运电气设备，更不能使用明闸刀开关。

（6）井下禁止吸烟和使用火柴、打火机等点火物品。

（7）爆破作业必须严格执行“一炮三检”（装药前、放炮前、放炮后检查瓦斯浓度）制度。爆破地点 20 米以内风流中的瓦斯浓度达到 1.0%（体积分数）时，严禁装药、爆破。井下爆破作业必须使用专用发爆器，严禁使用明火、明闸刀开关、明插座等进行发爆。炮眼必须按规定封足炮泥。要按规定使用炮泥，严禁使用煤粉或其他易燃物品封堵炮眼，无封泥或封泥不足时严禁爆破。

（8）观察到有煤与瓦斯突出征兆时，要立即停止作业，从作业地点迅速撤出，并报告有关部门。

（9）要认真实施煤层注水、湿式打眼、使用水炮泥、喷雾洒水、冲洗巷帮等综合防尘措施。在井下作业时要爱护防尘设备设施，不可随意拆卸、损坏。

88. 高处作业人员要注意哪些安全问题?

（1）作业开始前，应逐级进行安全技术培训，落实安全技术措施，未经落实不得进行施工。检查高处作业中的安全标志、工具、仪表、电气设施和各种设备，确认均完好后，方能投入使用。高处作业场所有可能坠落的物体，应一律先行撤除或予以固定。

（2）高处作业人员应头戴安全帽，身穿紧口工作服，脚穿防滑鞋，腰系安全带。工具应随手放入工具袋，拆卸的物件及余料、废料均应及时清理，清理时禁止抛掷。

（3）从事高处作业的人员必须定期进行身体检查，一般每年需要进行一次。诊断患有心脏病、贫血、高血压病、癫痫病、恐高症及其他不适宜高处作业疾病的人员，不得从事高处作业。

（4）高处作业人员的衣着要符合规定，不可赤膊裸身，应穿软底防滑鞋，严禁穿拖鞋、高跟鞋和易滑的靴鞋。操作时要严格遵守各项安全操作规程和劳动纪律。

（5）悬空、攀登高处作业以及搭设高处安全设施的人员（如架子工、结构安装工等）作业危险性比较大，必须按照国家有关规定经过专门的安全技术培训，并取得特种作业操作证后，方可上岗作业。

（6）高处作业中所用的物料应该堆放平稳，不可放置在临边或洞口附近，也不可妨碍通行和装卸。

（7）遇六级以上大风、浓雾和大雨等恶劣天气，不得进行露天高处作业；台风、暴雨后，应对高处作业安全设施进行逐项检查，发现有松动、变形、损坏、脱落、漏雨、漏电等现象，应立即修理或重新设置。

（8）因作业需要必须临时拆除或变动安全防护设施、安全标志时，必须经有关施工负责人同意，并采取相应的措施，作业完毕后应立即恢复。施工中发现高处作业的安全技术设施有缺陷和事故隐患时，必须立即报告，及时消除。发现事故隐患危及人身安全时，必须立即停止作业。高处作业必须设有现场安全监护人。

相关链接

从事高处作业的人员需要具备以下条件：

（1）高处作业属于特种作业，所以必须持证上岗。特种作业人员必须经专门的安全技术培训并考核合格，取得特种作业操作证后，方可上岗作业。

（2）患恐高症、高血压病、心脏病等疾病的人员不能从事登高作业。

（3）对疲劳过度、精神不振和思想情绪低落的人员应暂时停止高处作业。

（4）严禁酒后进行高处作业。

89. 如何预防物体打击事故？

物体打击事故往往表现为飞出或弹出的物体（如工具、工件、零件等）对人员造成的伤害。

物体打击事故伤害主要表现包括：在高处作业过程中，工具、零件、砖瓦、木块等物体从高处掉落伤人；乱扔废物、杂物伤人；起重吊装、拆装、拆模时，物料掉落伤人；设备带“病”运行，设备中的物体飞出伤人；在设备运行时用铁棍捅卡料，导致铁棍弹出伤人；压力容器爆炸飞出物伤人；放炮作业时飞出的乱石伤人等。

预防物体打击事故的主要措施如下：

（1）牢固树立不伤害他人和自我保护的安全生产意识。

（2）人员进入施工现场必须按规定戴好安全帽，应在规定的安全通道内出入和上下。

（3）高处作业时，禁止乱扔物料。清理楼内的物料时，应设溜槽或使用垃圾桶。手持工具和零星物料应随手放在工具袋

内，安装、更换玻璃要有防止玻璃坠落的措施，严禁乱扔碎玻璃。

（4）吊运大件要使用带有防止脱钩装置的吊钩和卡环，吊运小件要使用吊笼或吊斗，吊运长件要绑牢。

（5）高处作业时，对斜道、过桥、跳板等要明确专人负责维修、清理，不得存放杂物。

（6）严禁操作带“病”设备。

（7）排除设备故障或清理卡料前，必须停机。

（8）放炮作业前，人员要在安全可靠处隐蔽好，无关人员严禁进入作业区。

相关链接

物体打击事故应急救援主要措施如下：

（1）发生物体打击事故后，抢救的重点应放在伤员的颅脑损伤、胸部骨折和出血上，并马上将伤员移离危险现场，以免再发生损伤。

（2）在移动昏迷的颅脑损伤伤员时，应保持其头、颈、胸在一条直线上，不能随意旋曲。若伤员伴颈椎骨折，更应避免其头颈的摆动，以防引起颈部血管神经及脊髓的附加损伤。

（3）观察伤员的受伤情况、受伤部位、伤害性质，如伤员发生休克，应先处理休克。遇呼吸、心搏停止者应立即进行人工呼吸和胸外心脏按压急救，处于休克状态的伤员，要使其保暖、平卧，尽量不要移动。

（4）伤员出现颅脑损伤，必须其维持呼吸道通畅。昏迷者应平卧，面部转向一侧，以防舌根下坠或分泌物、呕吐物吸入呼吸道，发生阻塞。

90. 如何预防高处坠落事故的发生?

高处坠落事故的预防措施主要有以下 3 个方面:

（1）高处作业设备设施方面

1）升降平台。升降平台要可移动性强，转移场地方便。平台应载重量大，可供两人或多人同时作业并可搭载一定的设备，安全性好。

2）高处作业绳。作业绳、柔型导轨、工作短绳必须同时佩戴使用，不容许有接头，不应使用丙纶纤维材质，且工作短绳与柔型导轨不许使用同一挂点装置。

3）脚手架。搭设施工脚手架的架子工必须经专业技术培训，经考核合格取得证书后，持证上岗。

4）安全带。凡在距地面 2 米以上悬空作业人员，必须佩戴合格的全身式防坠落悬挂安全带。

5）安全帽。高处作业时，进入危险场所必须按规定正确佩戴符合安全标准的安全帽，调整好帽衬顶端与帽壳内顶的间距，调整好帽箍，系紧下颏带。

6）梯子。梯子的支点应坚固，下支点要安装防滑梯脚。使用梯子前要检查其是否有破损处。

7）防护栏。悬吊平台四周应安装固定式防护栏，防护栏应设有腹杆。

（2）施工作业环境管理方面

1）梯子必须结构牢固，有护栏，并应经常检查维修，确保安全可靠。在垂直、狭窄作业面，可制作可移动式大型梯笼。高度较高的爬梯，中间应设若干级休息平台。

2）施工生产区域内的孔口、井洞、坑口，均应设盖板或围栏，做好标记，并有足够的照明。

3）各种临空作业面必须设围栏。

4）在悬空面作业，必须搭设脚手架、安全网，或采取其他可靠安全措施。

（3）施工人员管理方面

1）从事高处作业的人员必须经过安全生产教育培训，提高安全生产意识，认真遵守操作规程和现场安全规定。

2）施工人员应严格遵守劳动纪律，高处作业时不打闹嬉笑，不在不安全牢靠的地点休息。

3）进入施工现场参观学习的人员，应有专人接待，事先应安排好参观时间、路线，学习掌握安全注意事项。参观学习人员应远离高处作业区。

知识学习

为了预防高处坠落事故的发生，在高处作业过程中可总结出一些简洁明快的安全口诀传诵。

（1）高处作业“五必有”：有边必有栏；有洞必有盖；有栏无盖必有网；有电必有防护措施；有电梯必有门。

（2）高处作业“六不准”：安全带未挂牢不准作业；不准乱抛物件；不准穿拖鞋、高跟鞋、硬底鞋；不准嬉戏、睡觉、打闹、攀爬；不准骑坐栏杆、扶手；不准背向竖梯上下。

（3）高处作业“十不登高”：患禁忌证者不登高；操作者未经安全教育、脚手架工无证不登高；无安全防护不登高；脚手架等设施不牢不登高；携带笨重物件不登高；石棉瓦等屋面无垫板不登高；恶劣天气不登高；照明不足不登高；身体不适、情绪反常、酒后不登高；无正规通道不冒险登高。

91. 常见危险化学品有哪些类型？

危险化学品是指具有毒害、腐蚀、爆炸、燃烧、助燃等性质，对人体、设施、环境具有危害的剧毒化学品和其他化学品。常见危险化学品的类型如下。

（1）爆炸品

爆炸品是指在外界作用下（如受热、受压、撞击等），能发生剧烈的化学反应，瞬时产生大量的气体和热量，使周围压力急骤上升，发生爆炸，对周围环境造成破坏的化学物品，也包括无整体爆炸危险，但具有燃烧、抛射及较小爆炸危险的物品。常见爆炸品如三硝基甲苯、硝化纤维素、硝化甘油等。

（2）气体

本类气体是指压缩气体、液化气体、溶解气体和冷冻液化气体、一种或多种气体与一种或多种其他类别物质的蒸气混合物、充有气体的物品和气雾剂。常见的如氮气、氧气、一氧化二氮、液化天然气、液化石油气等。

（3）易燃液体

易燃液体是指闪点不高于60摄氏度的液体，常见的如汽油、酒精、甲苯、二甲苯、樟脑油、松香水、皮革光亮剂等。

（4）易燃固体、易于自燃的物质和遇水放出易燃气体的物质

易燃固体是指燃点低，对热、撞击、摩擦敏感，易被外部火源点燃，燃烧迅速，并可能散发出有毒烟雾或有毒气体的固体，但不包括已列入爆炸品的物质。

自燃的物质是指自燃点低，在空气中易发生氧化反应，放出热量而自行燃烧的物质。

遇水放出易燃气体的物质是指遇水或受潮时，能发生剧烈化学反应，放出大量的易燃气体和热量的物质。这类物质不需明火点火源也能燃烧或爆炸。

（5）氧化性物质和有机过氧化物

氧化性物质是指处于高氧化态，具有强氧化性，易分解并放出氧和热量的物质。氯化性物质包括含有过氧基的无机物，其本身不一定可燃，但能导致可燃物燃烧，与松软的粉末状可燃物能组成爆炸性混合物，对热、震动或摩擦较敏感。

有机过氧化物是指分子组成中含有过氧基的有机物，其本身易燃易爆，极易分解，对热、震动或摩擦极为敏感。

（6）毒性物质和感染性物质

毒性物质和感染性物质是指进入人体后，累积达一定的量，能与体液和器官组织发生生物化学作用或生物物理学作用，扰乱或破坏人体的正常生理功能，引起某些器官和系统暂时性或持久性的病理改变，甚至危及生命的物质，如氰化钠、氰化钾、砷、苯酚、部分农药、含汞含铅含氟的化合物、石棉等。

（7）放射性物质

放射性物质是指释放出各种放射性射线的物质，包括 α 射线、β 射线、γ 射线及中子、X 射线等，可以对人体造成辐射伤害，如铀、镭等。

（8）腐蚀性物质

腐蚀性物质是指能灼伤人体组织并对金属等物品造成损伤的固体或液体，常见的如硫酸、盐酸、硝酸、氢氧化钠、氨水等。

（9）杂项危险物质和物品，包括危害环境物质

具有上述类型未包括的危险物质和物品，如危害环境物质、高温物质，经过基因修改的微生物或组织等。

92. 危险化学品事故有哪些预防措施？

（1）危险化学品中毒、污染事故的预防措施

目前，针对危险化学品中毒、污染事故的预防，采取的主

要措施是替代、变更工艺、隔离、通风、个体防护和保持环境卫生等。

（2）危险化学品火灾、爆炸事故的预防措施

1）防止燃烧、爆炸系统的形成。

2）控制生产过程中的工艺参数。

3）消除能引发事故的点火源。

4）限制火灾、爆炸的蔓延扩散。

（3）危险化学品运输安全事故的预防措施

1）托运危险化学品必须出示有关证明，到指定的铁路、交通、航运等管理部门办理手续，托运的危险化学品必须与托运单上所列的危险化学品相符。

2）危险化学品的装卸和运输人员，应按装运危险化学品的性质，佩戴相应的劳动防护用品。装卸时必须轻装轻卸，严禁摔拖、重压和摩擦危险化学品。不得损毁危险化学品包装容器，并注意标示，堆放稳妥。

3）危险化学品装卸前，应对车（船）搬运工具进行必要的通风和清扫，不得留有残渣。对装有剧毒化学品的车（船），卸车后必须洗刷干净。

（4）危险化学品储存安全事故的预防措施

1）危险化学品应当储存在专门地点，不得与其他物资混合储存。

2）危险化学品应该分类、分堆储存，堆垛不得过高、过密，堆垛之间以及堆垛与墙壁之间，应该留出一定间距、通道及通风口。

3）互相接触容易引起火灾、爆炸的危险化学品及灭火方法不同的危险化学品，应该隔离储存。

停!停!你们这是野蛮装卸，多危险啊。

第六部分　事故应急救援知识

93. 什么是事故应急救援？

事故应急救援是指通过应急预案，在事故发生时采取的消除、减少事故危害和防止事故恶化，最大限度降低事故损失的措施。生产过程中一旦发生事故，往往造成惨重的人员伤亡、财产损失和环境破坏，由于自然、人为、技术等原因，当事故或灾害不可能避免的时候，建立事故应急救援体系，采取及时、有效的应急救援行动，就成为抵御事故风险或控制灾难蔓延、降低危害后果的关键甚至是唯一手段。

法律提示

《中华人民共和国突发事件应对法》第五十六条规定，受到自然灾害危害或者发生事故灾难、公共卫生事件的单位，应当立即组织本单位应急救援队伍和工作人员营救受害人员，疏散、撤离、安置受到威胁的人员，控制危险源，标明危险区域，封锁危险场所，并采取其他防止危害扩大的必要措施，同时向所在地县级人民政府报告；对因本单位的问题引发的或者主体是本单位人员的社会安全事件，有关单位应当按照规定上报情况，并迅速派出负责人赶赴现场开展劝解、疏导工作。

法律提示

突发事件发生地的其他单位应当服从人民政府发布的决定、命令，配合人民政府采取的应急处置措施，做好本单位的应急救援工作，并积极组织人员参加所在地的应急救援和处置工作。

94. 事故应急预案的主要内容有哪些?

根据《生产经营单位生产安全事故应急预案编制导则》（GB/T 29639—2020）的规定，事故应急预案分为综合应急预案、专项应急预案和现场处置方案三种类型。

（1）综合应急预案的内容

综合应急预案包括总则（适用范围、响应分级）、应急组织机构及职责、应急响应（信息报告、预警、响应启动、应急处置、应急支援、响应终止）、后期处置、应急保障（通信与信息保障、应急队伍保障、物资装备保障、其他保障）等。

（2）专项应急预案的内容

专项应急预案是针对具体的突发事件类别（如可燃气体爆炸、危险化学品泄漏等）、危险源和应急保障而制订的计划或方案，是综合应急预案的组成部分，应按照综合应急预案的程序和要求组织制定，并作为综合应急预案的附件。专项应急预案应制定明确的救援程序和具体的应急救援措施，其主要内容包括适用范围、应急组织机构及职责、应急启动、处置措施、应急保障等。

（3）现场处置方案的内容

现场处置方案是针对具体的装置、场所或设施、岗位所制定的应急处置措施。现场处置方案应具体、简单、针对性强，应根据风险评估及危险性控制措施逐一编制，做到事件相关人员应知应会、熟练掌握，并通过应急演练，做到迅速反应、正确处置。现场处置方案的主要内容包括事故风险描述、应急工作职责、应急处置、注意事项等。

知识学习

除上述三类事故应急预案主体组成部分外，生产经营单位应急预案还需要有充足的附件支持，主要包括有关应急部门、机构或人员的联系方式，重要物资装备的名录或清单，规范化格式文本，关键的路线、标识和图样，相关应急预案名录，有关协议或备忘录（包括与相关应急救援部门签订的应急支援协议或备忘录等）。

95. 应急演练及其作用是什么？

（1）应急演练的概念

应急演练是指针对事故情景，依据应急预案而模拟开展的预警行动、事故报告、指挥协调、现场处置等活动。在应急预案编制完成后应进行应急演练，在应急预案实施前也应该定期进行演练。应急演练是检验、评价和保持应急能力的一个重要手段，其目的包括检验预案、锻炼队伍、磨合机制、宣传教育、完善准备等。

（2）应急演练的作用

1）增强应对突发事件的风险意识。开展应急演练，通过模拟真实事件及其应急处置过程，能给参与者留下更加深刻的印象，从直观上、感观上真正认识突发事件，提高对突发事件风险源的警惕性，增强应急意识，主动学习应急知识，掌握应急知识和处置技能，提高自救互救能力，保障生命财产安全。

2）检验应急预案效果的可操作性。通过应急演练，可以发现应急预案中存在的问题，在突发事件发生前暴露预案的缺点，验证预案在应对可能出现的各种意外情况方面所具备的适应性，找出预案需要进一步完善和修正的地方；可以检验预案的可行性以及应急反应的准备情况，验证应急预案的整体或关键性局部是否可以有效地付诸实施；可以检验应急工作机制是否完善，应急反应和应急救援能力是否提高，各部门之间的协调配合是否一致等。

3）增强突发事件应急反应能力。应急演练是检验、提高和评价应急反应能力的一个重要手段，通过接近真实的亲身体验的应急演练，可以提高各级管理者应对突发事件的分析研判、

决策指挥和组织协调能力；可以帮助应急管理人员和各类救援人员熟悉突发事件情景，提高应急操作熟练程度和实战技能，改善各应急组织机构、人员之间的交流沟通、协调合作；可以让公众学会在突发事件中保持良好的心理状态，减少恐惧感，配合管理部门共同应对突发事件，从而有助于提高整个社会的应急反应能力。

96. 常见的事故应急设备和物资有哪些？

根据不同类型的事故及其应急情况，事故应急设备和物资在选择上有所不同，但常用的主要包括如下种类：

（1）灭火器

灭火器是用于扑灭初起火灾的设备，根据不同类型的火源，应该有不同种类，如干粉灭火器、泡沫灭火器、二氧化碳灭火器等。

（2）防护装备

根据不同的应急情况，配备相应的防护装备，如防护服、防护手套、护目镜、呼吸器等，用于保护人员免受有害物的侵害。

（3）急救箱

急救箱里的物品包括常用的医疗用品，如绷带、止血带、消毒剂、救护用品、急救手册等，用于在人员受到意外伤害或疾病发作时提供急救。

（4）气体检测仪器

应急现场配备的气体检测仪器用于检测有毒气体或可燃气体的泄漏，以确保安全的工作环境。

（5）应急通信设备

应急通信设备包括对讲机、手机、无线电等，用于应急人员之间建立通信联系，进行紧急通信。

（6）应急照明设备

应急照明设备包括手电筒、应急灯具等，用于在停电或黑暗环境中提供光源。

（7）救生设备

救生设备包括救生圈、救生衣、救生筏等，用于水上应急。

（8）紧急切割工具

紧急切割工具如割刀、割绳器、割钢器等，用于救援和解救被困人员。

（9）紧急食品和水

在相应的地点存储紧急食品和水并定期更换，用于应对灾害或困境情况，确保被困人员食物和水的供应。

（10）应急供电设备

应急供电设备包括发电机或备用电池，以确保电力供应因事故中断时仍能够继续运行关键设备。

（11）应急工具

常用的应急工具包括梯子、锤子、手锯等，用于更好地完成紧急疏散、抢救或维修任务。

（12）防毒面具

防毒面具是应急现场常用的个体防护装备，用于防止吸入有毒气体或颗粒物质，提供呼吸保护。

（13）安全绳索和降落设备

这类设备用于高处作业或紧急逃生。

（14）定位系统装备

定位系统装备用于确定位置和导航，有助于救援疏散和定位。

97．扑救初起火灾的原则和方法是什么？

（1）扑救原则

发生火灾后，要及时正确地使用本单位的消防器材与设施进行扑救，遵循“先控制后消灭，救人重于救火，先重点后一般”的原则。

（2）扑救方法

1）隔绝可燃物。将燃烧点附近可能助长火势蔓延的可燃物移走；关闭有关阀门，切断可燃物来源；采用泥土、黄沙筑堤等方法，阻止流淌的可燃液体流向燃烧点。

2）冷却。使用本单位相关消防器材与设施灭火。如果现场缺乏消防器材与设施，则应使用简单工具灭火，如水桶、脸盆等。

3）窒息。使用泡沫灭火器喷射泡沫覆盖燃烧物表面；利用容器、设备的顶盖盖住燃烧区；将毯子、棉被、麻袋等浸湿后覆盖在燃烧物表面；用沙土覆盖燃烧物，对忌水物质则必须采用干燥沙土扑救。

4）扑打。对小面积草地、灌木及其他固体可燃物的燃烧，火势较小时，可用扫帚、树枝条等扑打灭火。

5）断电。如果发生电气火灾，或火势威胁到电气线路、设备，或电气线路、设备影响灭火时，首先要切断电源。

6）阻止火势蔓延。采用隔离、移除可燃物等方法阻止火势进一步蔓延。

7）防爆。将受到火势威胁的易燃易爆物品、压力容器等转移到安全地点；停止向受到火势威胁的压力容器和设备输送物料，并设法将压力容器和设备内物料导走；停止对压力容器加温，打开冷却系统阀门，对压力容器设备进行冷却；有手动放空泄压装置的，应立即打开有关阀门放空泄压。

98. 发生火灾时如何逃生自救？

火灾是一种常见的紧急事故，其发展速度快、危害性大，极易造成财产损失与人员伤亡。在火灾中，前几分钟的应对措施至关重要，特别是在等待消防救援的过程中，正确的自救行为能够为逃生争取宝贵时间。火灾现场逃生自救主要应遵循以下原则：

（1）应沉着冷静，辨明方向，迅速撤离危险区域。如果火灾现场人员较多，切不可慌张，更不要相互拥挤、盲目跟从、乱冲乱撞、相互踩踏，以防造成意外伤害。

（2）在高层建筑中，电梯的供电系统在火灾发生时会随时停电。因此，发生火灾时千万不可乘普通电梯逃生，而要根据情况选择进入相对安全的楼梯、消防通道、有外窗的通廊等。此外，还可以利用建筑物的阳台、窗台、天台、屋顶等攀到周围的安全地点。

（3）在救援人员还未能及时赶到的情况下，可以迅速利用身边的绳索或床单、窗帘、衣服等自制成简易救生绳，有条件的最好用水浸湿，然后从窗台或阳台沿绳缓滑到下面楼层或地面。还可以沿着水管、避雷线等建筑结构中的凸出物滑到地面安全逃生。

（4）暂避到较安全的场所，等待救援。假如用手摸房门已感到烫手，或已知房间被大火或烟雾围困，此时切不可打开房门，否则火焰与浓烟会顺势冲进房间。这时可采取构建避难场所、固守待援的办法。应关紧迎火的门窗，打开背火的门窗，用湿毛巾或湿布条塞住门窗缝隙，或者用水浸湿棉被蒙上门窗，并不停地泼水降温，同时用水淋透房间内的可燃物，防止烟火侵入。

（5）设法发出信号，寻求外界帮助。被烟火围困暂时无法逃离的人员，应尽量站在阳台等易于被人发现和能避免烟火近身的地方。白天可以向外晃动颜色鲜艳的衣物，晚上可以用手电筒不停地在窗口闪动或者利用敲击金属物、大声呼救等方式，引起救援人员的注意。

知识学习

撤离火灾现场时要朝明亮或外面空旷的地方跑，同时尽量向楼下面跑。进入楼梯间，在确定下面楼层未着火后，可以向下逃生，不能往上跑。若通道已被烟火封阻，则应背向烟火方向撤离，通过阳台、气窗、天台等逃往室外。如果现场烟雾很大或断电，能见度低，无法辨明方向，则应贴近墙壁或按应急指示灯的指示摸索前进，找到安全出口。

如果逃生要经过充满烟雾的路线，为避免浓烟呛入口鼻，可使用湿毛巾或口罩捂住口鼻，同时身体尽量贴近地面或匍匐前行。穿越烟火封锁区时，可向头部、身上浇冷水，或用湿毛巾、湿棉被、湿毯子等将头和身体裹好，然后快速冲出去。

99. 矿井下发生事故时如何逃生和自救?

（1）有效的自救和互救可减少事故伤亡，挽救自己和他人的生命，因此要主动学习和掌握矿井灾害预防知识和自救互救知识，熟悉矿井下避灾路线。

（2）发生事故后，及时报警可增加获救的机会，赢得抢救的时间。在事故发生后，要充分利用附近的电话或派出人员迅速将事故情况向领导或调度室报告。

（3）避灾过程中，要保持镇静，沉着应对，不要惊慌，不要乱喊乱跑；要遵守纪律，听从指挥，不可单独行动。

（4）紧急避灾撤离事故现场时，要迎着风流，向进风井口撤离，并在沿途留下标记。

（5）无法安全撤离时，要迅速进入预先构筑的避难硐室或其他安全地点暂避，在硐室外留下明显标记，并不时敲打轨道或铁管以发出求救信号。撤离路线被封堵时，不要冒险闯过火区或泅过被水封堵的通道。

（6）抢救心搏、呼吸骤停的伤员时，要先复苏，后搬运。

（7）正确避灾，可避免或减少人员伤亡。遇到瓦斯、煤尘爆炸事故时，要迅速背向空气震动的方向，脸朝下卧倒，并用湿毛巾捂住口鼻，以防吸入大量有毒气体。与此同时，要迅速戴好自救器，选择顶板坚固、有水或离水较近的地方躲避。

知识学习

在矿井中，遇到火灾事故时，要首先判明灾情和自己的实际处境，能灭（火）则灭，不能灭（火）则迅速撤离或躲避，开展自救或等待救援。遇到水灾事故时，要尽量避开突水水头，难以避开时，要紧抓身边的牢固物体并深吸一口气，待水头过去后再开展自救和互救。遇到煤与瓦斯突出事故时，要迅速戴好隔离式自救器或进入压风自救装置、避难硐室。

100．危险化学品泄漏事故的应急处置措施有哪些?

（1）设置警戒区

危险化学品泄漏现场的警戒区边界浓度应设定为可燃气体爆炸下限的 30%，其范围之内为警戒区。如果是液化石油天然气泄漏，要按气体扩散范围划定警戒区域，警戒范围按液化石油天然气爆炸浓度下限的 1/2 确定。因气态石油天然气的密度比空气大，测试仪应布置在贴近地表处。因气体扩散受泄漏量、风力等条件的影响时刻在变化，故警戒范围要根据测得的数值随时调整。

（2）消除引火源

在警戒区内严禁任何火源存在和带入，必须果断地熄灭可燃物料泄漏扩散危险区的一切火种，中断加热热源。对于该区域内的电气设备，应保持其原来状态，不要开或关，及时切断该区域的总电源。进入警戒区的人员，严禁穿钉鞋和化纤衣服，操作各种消防器材、工具、手电、手抬泵、车辆等，严防打出火花，堵漏时应采用不发火器材工具。消防车不准驶入警戒区域内，在警戒区域内停留的车辆不准再启动行驶。根据现场情况，动员现场周围特别是下风方向的居民和单位职工迅速消除火源。

（3）关阀断料

管道发生泄漏，泄漏点处在阀门之后且阀门尚未损坏，可采取关闭输送物料管道阀门，断绝物料源的措施制止泄漏。关闭管道阀门时，必须设喷雾水枪掩护。

（4）堵漏封口

管道、阀门或容器壁发生泄漏，且当泄漏点处在阀门之前或阀门损坏不能关阀止漏时，可使用各种针对性的堵漏器具和方法封堵泄漏口。

101．危险化学品火灾的应急处置措施有哪些？

危险化学品火灾发生后，首先要弄清着火物质的性质，然后正确地实施扑救。危险化学品火灾的主要应急处置措施如下：

（1）扑救人员应站在上风或侧风位置，以免遭受有毒有害气体的侵害。

（2）应有针对性地采取自我防护措施，如戴防护面具，穿专用防护服等。

（3）扑救可燃和助燃气体火灾时，要先关闭管道阀门，用水冷却其容器、管道，用干粉灭火器或沙土扑灭火焰。

（4）扑救易燃和可燃液体火灾，可用泡沫灭火器、干粉灭火器、二氧化碳灭火器扑灭火焰，同时用水冷却容器四周，防止容器膨胀爆炸。但醇、醚、酮等能溶于水的易燃液体火灾，应该用抗溶性泡沫灭火器扑救。

（5）扑救易燃和可燃固体火灾，可用泡沫灭火器、干粉灭火器、二氧化碳灭火器和雾状水灭火。

（6）扑救爆炸物品火灾时，切忌用沙土盖压，以免增强爆炸物品的爆炸威力。

（7）扑救遇湿易燃物品火灾时，绝对禁止用水、泡沫、酸碱等湿性灭火剂扑救，一般可使用干粉灭火器、二氧化碳灭火器、卤代烷灭火器扑救。

相关链接

当人体沾上油火时，应尽可能将身上的衣物迅速撕脱下来；当来不及脱衣物时，可就地打滚把火压灭。但要注意，身上沾上油火的人不能由于惊慌失措或急于找人解救而随处乱跑。人在跑动时着火的衣物遇到充足的新鲜空气，火势就会更加猛烈，同时人体会成为“流动”的火源，造成火势扩散。另外要注意的是，尽量避免用灭火器直接向人体喷射，以免对人体造成伤害。

102. 事故现场应急救护的原则是什么？

应急救护在事故现场是救人性命和减轻伤害的第一环节，其重要性不容忽视。在作业场所，尤其是在高风险环境下发生紧急事故时，迅速有效的初级救护措施能够在等待专业医疗救援人员到来之前，为伤员提供关键的生命支持。事故现场应急救护应主要遵循以下原则：

（1）在周围环境不危及生命的条件下，一般不要随便搬动伤员，且不要给伤员喝任何饮料或进食。

（2）如发生意外而现场无人时，应向周围大声呼救，请求来人帮助或设法联系有关部门，不要单独留下伤员而无人照顾。

（3）伤员较多时，根据伤情对伤员进行分类抢救，处理的原则是先重后轻、先急后缓、先近后远。

（4）对呼吸困难、窒息和心搏停止的伤员，立即将伤员头部置于后仰位，托起下颌，使呼吸道畅通，同时施行心肺复苏操作，原地抢救。

（5）对伤情稳定、估计转运途中不会加重伤情的伤员，应迅速组织人力，利用各种交通工具转运到附近的医疗机构急救。

（6）现场抢救的一切行动必须服从统一指挥，不可各行其是。

103. 怎样正确进行人工呼吸？

人工呼吸是一种紧急救护技术，用于在呼吸停止或不能自主呼吸的情况下为伤员提供必要的氧气。进行人工呼吸时，遵循以下流程至关重要。

（1）评估安全性与救助

在开始进行人工呼吸前，首先确保现场安全，避免在危险的环境中进行救助。同时，应立即呼叫专业急救人员支援或寻求周围人的帮助。

（2）检查意识和呼吸

轻轻拍打伤员的肩膀，询问其状态，检查意识。若无反应，立即检查伤员的呼吸情况，观察其胸部是否有起伏、倾听其呼吸声音、感觉其口鼻是否有气息。

（3）开放呼吸道

如果伤员无反应且呼吸异常或没有呼吸，须先进行呼吸道开放的操作。即将伤员调整为仰卧姿态，使其头部轻微后仰，抬高下巴，确保其呼吸道畅通无阻。

（4）人工呼吸方法

人工呼吸方法包括口对口呼吸和使用呼吸面罩两种。

1）口对口呼吸。在没有其他救助条件下进行的人工呼吸方法。

①准备阶段：将伤员置于仰卧位，施救者站在伤员右侧，将伤员颈部伸直，右手向上托伤员的下颌，使伤员的头部后仰。这样，伤员的气管能充分伸直，有利于对其进行人工呼吸。随后要清理伤员的口腔，包括痰液、呕吐物及异物等，并用身边现有的清洁布质材料，如手绢、小毛巾等盖在伤员嘴上，以防止

传染病传播。

②实施阶段：左手捏住伤员鼻孔（防止漏气），右手轻压伤员下颌，将其口腔打开。施救者自己先深吸一口气，用自己的口唇把伤员的口唇包住，向伤员嘴里吹气。吹气要均匀，要长一点（像平时长出一口气一样），但不要用力过猛。吹气的同时用眼角观察伤员的胸部，如看到伤员的胸部膨起，表明气体吹进了伤员的肺脏，吹气的力度合适。如果看不到伤员胸部膨起，则说明吹气力度不够，应适当加强。吹气后待伤员膨起的胸部自然回落后，再深吸一口气重复吹气，反复进行。

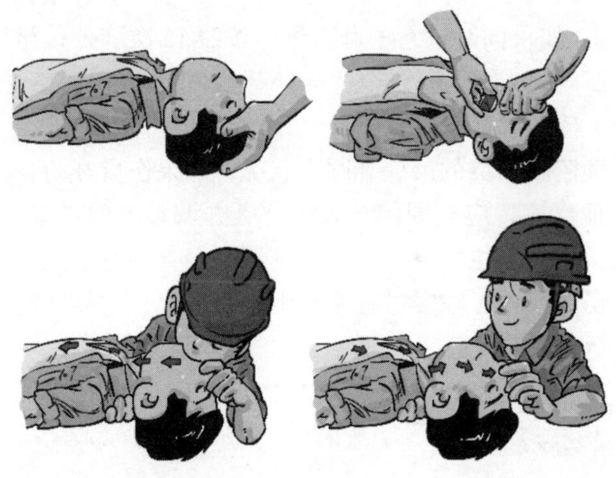

2）使用呼吸面罩。在有条件的情况下，使用呼吸面罩进行人工呼吸更为安全卫生。

①准备阶段：确保救援环境安全，并佩戴手套以保护自己和伤员。使伤员平躺于硬质表面上，采用头部后仰和提升下巴的方式来开放其呼吸道。在使用呼吸面罩之前，需确认其清洁且无损坏，随后正确握持呼吸面罩，将其圆形部分覆盖住伤员

的口鼻，确保形成密封。

②实施阶段：在进行人工呼吸时，站在伤员头部侧，深吸一口气后坚定而平缓地向呼吸面罩吹气，每次吹气约 1 秒，观察伤员胸部的上升情况。在整个过程中，持续监测伤员状态，根据需要调整手法，并持续进行人工呼吸，直到伤员自主呼吸或专业医疗人员接手。使用后，应清洗、消毒呼吸面罩，并记录、报告救援过程。这种方法大大减少了直接口对口呼吸接触的风险，但值得注意的是，进行人工呼吸前最好接受专业的急救培训。

（5）频率与交替进行胸外心脏按压

成人人工呼吸的频率为每分钟 10 ~ 15 次（具体根据实际情况而定）。如果同时进行心肺复苏，按照 15 次胸外按压后进行 2 次人工呼吸的比例进行。

（6）持续监测和调整

持续监测伤员的反应和呼吸状况，如果伤员开始自主呼吸或有其他反应，应立即停止人工呼吸并调整救治措施。然而，即使伤员恢复自主呼吸，仍需要密切观察直到专业医疗人员到达。若伤员在人工呼吸过程中有呕吐等情况，需立即清理呕吐物并重新开放呼吸道。

知识学习

只要伤员未恢复自主呼吸，就要持续进行人工呼吸，不要中断，直到专业急救人员到达，交给专业急救人员继续抢救。如果身边有呼吸面罩和呼吸气囊，应首选使用呼吸面罩和呼吸气囊进行人工呼吸。

104. 胸外心脏按压的基本要领是什么？

胸外心脏按压通常在心肺复苏过程中提到，是一种紧急救护技术。这种技术通过手掌对心脏进行有节律的、有力的压迫，使心脏在骤停（心脏停止搏动）的情况下能人为地维持血液循环。在心脏停止搏动时，有效的胸外心脏按压可以将血液从心脏泵送至重要器官，如大脑和肺部，从而保持器官的氧气供应，减少因缺氧造成的损害。正确执行胸外心脏按压分为准备阶段和实施阶段。

（1）准备阶段

首先，要进行的是现场安全评估，确保在安全的环境下进行救援，避免在危险情况下施救。其次，检查伤员的意识，并迅速进行紧急呼救，可以是大声呼喊求助或指派他人拨打急救电话。最后，让伤员平稳地仰卧在坚硬、平整的地面上，为有效的胸部按压创造条件。在此环节中，施救者所处的位置也至关重要，须坐或跪在伤员胸侧，以准确寻找胸外心脏按压的最佳位置（将掌根部放在被救护者胸骨下 1/3 的部位，即把中指尖放在其颈部凹陷的下边缘，手掌的根部就是正确的压点）。

（2）实施阶段

正确的手部姿势是，将一只手掌放在胸骨中部，另一只手掌叠加在上面，保持双臂伸直并确保按压力度能够垂直向下传递。按压的深度和频率对于成年人而言，应控制在深度为 5 ~ 6 厘米，每分钟 100 ~ 120 次。每次按压后，应确保胸部能完全回弹，以便心脏吸入足够的血液。在整个过程中，除非必须进行其他救助操作（比如人工呼吸或使用自动体外除颤器），尽可能不中断，应持续并坚定地进行，直到专业医疗人员接管或伤员显示出生命体征，如开始自主呼吸或有意识的动作等。每一次精确而有力的按压，都是在为伤员的生命搏斗，因此掌握这项技能的正确方法是至关重要的。

知识学习

伤员一旦呼吸和心搏均已停止，应同时进行口对口人工呼吸和胸外心脏按压。如果现场仅有1人救护，两种方法应交替进行，每次吹气2~3次，再按压10~15次。施行心肺复苏术，在救护人员体力允许的情况下，应连续进行，尽量不要停止，直到伤员恢复自主呼吸与脉搏跳动，或有专业急救人员到达现场接管伤员。

105. 发生触电怎样急救？

触电也称电击伤，是由于电流或电能（静电）通过人体，造成人体损伤或器官功能障碍，甚至死亡。发生触电伤害大多数是由于人体直接接触电源所致，也有被数千伏以上的高压电放电所致。触电急救的基本原则是动作迅速、方法正确。有研究者指出，从触电后1分钟开始施救，90%的触电者有良好的救治效果；从触电后6分钟开始施救，10%的触电者有良好的救治效果；从触电后12分钟开始施救，触电者被救活的可能性很小。触电的主要急救方法如下：

（1）脱离电源

发现有人触电后，应立即关闭开关、切断电源，用木棒、皮带、橡胶制品等绝缘物品挑开触电者身上的带电物体。同时，立即拨打急救电话。需要避免触电者脱离电源后摔伤的可能性，特别是当触电者在高处的情况下，应考虑采取防摔措施。

（2）急救准备

解开妨碍触电者呼吸的紧身衣物，检查触电者的口腔，清理其口腔黏液，如有假牙，则应取下。

（3）立即就地抢救

当触电者脱离电源后，应根据触电者的具体情况，迅速对症救护。现场应用的主要救护方法是人工呼吸和胸外心脏按压。应当注意，在有条件的情况下，急救要尽快进行，不能等专业急救人员到来后才开始，在送往医院的途中，也不能中止急救。如有电烧伤的伤口，应包扎后到医院就诊。

知识学习

人体触电后一般会有以下症状：接触 1 000 伏以上的高压电时多出现呼吸停止；220 伏以下的低压电易引起心房纤颤及心脏停搏；220 ~ 1 000 伏的电压可致心脏和呼吸中枢同时麻痹。

106. 发生中毒、窒息事故如何救护？

（1）加强全面通风或局部通风，用大量新鲜空气稀释并冲淡危险区域的有毒有害气体，待有毒有害气体浓度降到容许浓度时，方可进入现场开展救护。

（2）救护人员在进入危险区域前必须戴好防毒面具、自救器等劳动防护用品，必要时也应给中毒者戴上，迅速将中毒者从危险的环境转移到安全、通风的地方。如果中毒者失去知觉，可将其放在毛毯上提拉，或抓住其衣服，头朝前转移出去。

（3）对于一氧化碳中毒，如果中毒者还没有停止呼吸，则应立即松开中毒者的领口、腰带，使中毒者能够顺畅地呼吸新鲜空气；如果呼吸已停止但心搏未停止，则应立即进行人工呼吸，同时针刺人中穴；若呼吸、心搏均已停止，应迅速施行心肺复苏急救。

（4）对于硫化氢中毒者，在进行人工呼吸之前，要用浸透食盐溶液的棉花或手帕盖住中毒者的口鼻。

（5）对于瓦斯或二氧化碳导致的窒息，情况不太严重时，可把窒息者移到空气新鲜的场所稍作休息；若窒息时间较长，就要进行人工呼吸抢救。

（6）如果毒物污染了眼部和皮肤，应立即用水冲洗。对于口服毒物的中毒者，应设法催吐，简单有效的办法是用手指刺激舌根。若误服腐蚀性毒物，可口服牛奶、蛋清、植物油等对消化道进行保护。

（7）救护中，救护人员一定要沉着冷静，动作要迅速。对任何处于昏迷状态的中毒人员，必须尽快送往医院进行急救。

知识学习

中毒可分为刺激性气体中毒和窒息性气体中毒。

刺激性气体中毒的现场急救原则是：迅速将中毒者移离事故现场，对无心搏、呼吸中毒者立即采取心肺复苏急救。

窒息性气体中毒有明显剂量—效应关系，侵入体内的毒物数量越多则危害越大，且由于病情也更为急重，故应尽快中断毒物侵入，解除体内毒物的毒性。救护措施开始得越早，人体所受的损伤越小，合并症及后遗症也越少。